高等职业教育机电类专业新形态教材

机械加工工艺

主　编　王　丹　韩学军

副主编　宋昌平　杨　林

参　编　夏云才　王爱阳

主　审　吕淑萍

机械工业出版社

本书共分七章，内容包括绪论、金属切削过程的基本知识、机械加工工艺基础知识、机械加工工艺规程的制订、机械加工质量及其控制、工件在机床上的装夹、典型零件机械加工工艺文件的制订。本书内容简明扼要，概念清晰，深入浅出，书中配有大量插图，便于学生理解；采用双色印刷，突出了重点内容，并有微课视频以二维码形式置于相关知识点处，学生用手机扫码即可观看，有利于开展信息化教学；配套有电子课件、教案、模拟试卷、习题答案等，配合线上课程，形成了“线上+线下”立体化资源体系。

本书可作为高等职业院校机械类专业教材，也可作为相关从业人员的参考用书。

本书配套资源丰富，凡使用本书作为教材的教师可登录机械工业出版社教育服务网 www.cmpedu.com 注册后免费下载。咨询电话：010-88379375。

图书在版编目（CIP）数据

机械加工工艺/王丹，韩学军主编．—北京：机械工业出版社，2022.1（2024.7 重印）

高等职业教育机电类专业新形态教材

ISBN 978-7-111-69864-7

Ⅰ.①机…　Ⅱ.①王…②韩…　Ⅲ.①机械加工-工艺学-高等职业教育-教材　Ⅳ.①TG506

中国版本图书馆 CIP 数据核字（2021）第 264633 号

机械工业出版社（北京市百万庄大街 22 号　邮政编码 100037）
策划编辑：刘良超　责任编辑：刘良超
责任校对：刘雅娜　封面设计：王　旭
责任印制：任维东
河北鹏盛贤印刷有限公司印刷
2024 年 7 月第 1 版第 5 次印刷
184mm×260mm · 9.5 印张 · 234 千字
标准书号：ISBN 978-7-111-69864-7
定价：33.00 元

电话服务	网络服务
客服电话：010-88361066	机　工　官　网：www.cmpbook.com
010-88379833	机　工　官　博：weibo.com/cmp1952
010-68326294	金　　书　　网：www.golden-book.com
封底无防伪标均为盗版	机工教育服务网：www.cmpedu.com

前言

“机械加工工艺”是机械类专业学生必修的基础核心课程之一。合理地制订机械加工工艺过程是保证机械加工产品质量和效益的前提条件。针对“机械加工工艺”课程的实践性、综合性和灵活性强的特点，本着少而精、理论知识以够用为度的原则，编者整合了传统课程体系中的“金属切削原理与刀具”“机械制造技术基础”“机床夹具设计”三门课程，选取其中适合高等职业教育人才培养的实用型知识点，对其进行有机组合后编写了本书。

“机械加工工艺”是一门理论与生产实践紧密结合的课程，教学中要合理地安排机械加工实习，注重理论联系实际，提高学生动手能力，通过理论教学、现场教学及自学讨论等教学方式，提高学生分析和解决生产实际问题的能力。

本书共分七章，内容包括绪论、金属切削过程的基本知识、机械加工工艺基础知识、机械加工工艺规程的制订、机械加工质量及其控制、工件在机床上的装夹、典型零件机械加工工艺文件的制订。本书内容简明扼要，概念清晰，深入浅出，书中配有大量插图，便于学生理解；采用双色印刷，突出了重点内容，并有微课视频以二维码形式置于相关知识点处，学生用手机扫码即可观看，有利于开展信息化教学；配套有电子课件、教案、模拟试卷、习题答案等，配合线上课程，形成了“线上+线下”立体化资源体系。

本书在超星学习平台上有对应的在线课程，电脑端访问地址为 https://mooc1-1.chaoxing.com/course/207421668.html。

本书由大连职业技术学院王丹、韩学军担任主编，大连职业技术学院宋昌平、大连特种设备检验检测研究院有限公司杨林担任副主编，大连职业技术学院夏云才、王爱阳参与了本书的编写。宋昌平编写第一章，杨林编写第二章，夏云才提供了相关材料并协助编写第二章，王丹编写第三~七章，王爱阳提供了相关材料并协助编写第五章，韩学军编写各章知识与能力测试及附录。王丹负责本书的统稿，大连职业技术学院吕淑萍审阅了本书并提出了宝贵意见。

由于编者水平有限，书中难免存在不妥之处，敬请广大读者批评指正。

编　者

二维码索引

资源名称	二维码	页码	资源名称	二维码	页码
1-1 机械加工制造业的现状与发展趋势		2	4-1 毛坯的种类		38
2-1 金属切削过程中的变形		8	4-2 工序尺寸及其公差的确定方法		47
2-2 切削液与切削用量的选择		12	4-3 工艺尺寸链		47
3-1 工序		19	6-1 常见的定位方式及定位元件		97
3-2 工位		19	6-2 定位误差		108
3-3 工步		19	6-3 典型夹紧机构		116
3-4 六点定位原理		21	7-1 轴类零件典型工艺路线		130
3-5 工件的定位方式		23	7-2 套筒类零件的基础知识		141

目录

1 第一章 绪　论

【知识与能力目标】

1）了解制造业的现状与发展趋势。
2）了解本课程的内容与学习方法。

【课程思政】

大国工匠——高凤林

高凤林是中国航天科技集团公司第一研究院 211 厂发动机车间班组长，几十年来，他几乎都在做着同样一件事——为火箭焊接发动机喷管。

“长征五号”火箭发动机的喷管上，有数百根空心管线，管壁的厚度只有 0.33mm，高凤林需要通过 3 万多次精密的焊接操作，才能把它们编织在一起，焊缝细到接近头发丝，而长度相当于绕一个标准足球场两周。高凤林说，在焊接时得紧盯着微小的焊缝，一眨眼就会有闪失。“如果这道工序需要十分钟不眨眼，那就十分钟不眨眼。”

高凤林说，每每看到我们生产的发动机把卫星送到太空，就有一种成功后的自豪感，这种自豪感用金钱买不到。正是这份自豪感，让高凤林一直坚守在这里。35 年，130 多枚长征系列运载火箭在他焊接的发动机的助推下，成功飞向太空。这个数字，占到我国发射长征系列火箭总数的一半以上。火箭的研制离不开众多的院士、教授、高工，但火箭从蓝图落到实物，靠的是一个个焊接点的累积，靠的是一位位普通工人的拳拳匠心。专注做一样东西，创造别人认为不可能的可能，高凤林用 35 年的坚守，诠释了航天匠人对理想信念的执着追求。

第一节　机械加工制造业的现状与发展趋势

一、机械加工制造业的现状

制造业是国民经济的支柱产业，是国家创造力、竞争力和综合国力的重要体现。它不仅为现代工业社会提供物质基础，也为信息与知识社会提供先进装备和技术平台。

机械加工制造业是制造业的主要组成部分，是为用户创造和提供机械产品的行业，包括机械产品的开发、设计、制造、流通、和售后服务全过程。在整个制造业中，机械加工制造业占有特别重要的地位。因为机械制造业是国民经济的装备部，它以各种机器设备供应和装备国民经济的各个部门，并使其不断发展。国民经济的发展速度，在很大程度上取决于机械加工制造工业技术水平的高低和发展速度。目前，我国正处于经济发展的关键时期，但机械加工制造技术是我们的薄弱环节，要想跟上先进制造技术的世界潮流，必须将其放在战略优先地位，并以足够的力度予以实施，才能尽快缩小与发达国家之间的差距，才能在激烈的市场竞争中立于不败之地，才能促进国民经济的发展，因此我国机械制造的现状和发展前景也越来越受到人们的关注和重视。

二、机械加工制造业的地位和作用

1）国民经济的支柱。
2）财政收入的大户。
3）经济增长的动力。
4）实现就业的市场。
5）高新技术的载体。
6）产业升级的手段。
7）外贸出口的主力。
8）国家安全的保障。

三、现代制造技术的发展趋势

世界各国都把制造技术的研究和开发作为国家的关键技术进行优先发展，随着电子、信息等高新技术的不断发展，市场需求呈现个性化与多样化，未来现代制造技术发展的总趋势是向精密化、柔性化、网络化、虚拟化、智能化、绿色化、集成化、全球化的方向发展。当前现代制造技术的发展趋势大致有以下九个方面。

1）信息技术、管理技术与工艺技术紧密结合，现代制造生产模式不断发展。
2）设计技术与手段更现代化。
3）成形及制造技术精密化、制造过程实现低能耗。
4）新型特种加工方法的应用。
5）开发新一代超精密、超高速制造装备。
6）加工工艺由技艺发展为工程科学。
7）实施无污染绿色制造。

1-1　机械加工制造业的现状与发展趋势

8）制造业中广泛应用虚拟现实技术。

9）制造以人为本。

第二节　本课程的内容与学习方法

一、课程的定位与内容

高职高专机械制造类专业，主要面向的是机械制造企业的设备操作、零件制造工艺与工装设计、产品装配与调试等岗位，培养高素质高技能的技术应用型人才。

本课程主要介绍了切削加工基础知识、机械加工工艺基础知识、机械加工工艺规程的制订、机械加工质量及其控制、工件在夹具中的安装、典型零件机械加工工艺过程。通过学习本课程，学生应能对机械加工工艺有一个总体的了解与把握，能掌握金属切削过程的基本规律；掌握机械加工的基本知识；能选择加工方法与机床、刀具、夹具及加工参数；具备制订工艺规程的能力和掌握机械加工精度和表面质量分析的基本理论及基本知识；能规范、正确地实施典型零件的机械加工工艺；执行机械加工工序的工艺要求；初步具备分析解决现场工艺问题的能力；了解当今先进制造技术的发展概况。

二、课程的教学与学习方法

机械加工工艺知识具有很强的实践性，所以必须强化理论与实践的有机结合，要充分利用行业、企业优势，大力推行“校企合作、工学结合”的教学模式，做到理论与实践并重，强化应用能力的培养。

教师教学方法：

1）每章以典型的生产实际案例为任务载体，系统地讲清楚相关的理论知识，然后应用所学知识分析解决问题。

2）按照课程质量标准，完善实践教学资源，开发多种教学手段。

3）力求做到所传授的知识成系统、实践应用能力训练成系统，并做到理论与实践的相互融通。

4）教师应坚持长期学习和进行机械加工工艺新技术应用研究，并把机械加工工艺方面的新技术引入课堂，理论联系实际开展教学。

5）强化校企合作，加强调研，时时地把企业先进技术引入课堂。

学生学习方法：

1）了解该门课程的重要性。

2）重视该门课程，端正学习态度。

3）强化理论钻研，拓展相关知识面。

4）深入校内生产实训基地、校外企业，全面了解企业生产过程，切实了解各类常用刀具及其在生产中的正确应用。

第二章　金属切削过程的基本知识

【知识与能力目标】

1）掌握切削运动和切削要素的概念。
2）了解金属切削过程及切屑控制。
3）能够合理选择切削液。
4）能根据加工要求合理选用切削用量。
5）培养自主学习能力，团队协作能力。

【课程思政】

大国工匠——管延安

管延安，港珠澳大桥岛隧工程首席钳工。在工作时，管延安要进入完全封闭的海底沉管隧道中安装操作仪器，按照规定，接缝处间隙误差要小于1mm。只有初中文化的他，全凭自学成为这项工作的第一人。他所安装的沉管设备，已成功完成16次海底隧道对接。他说，参与国家工程，是自己抛家舍业的初衷，也是甘受寂寞的精神支撑，更是他铭记终身的荣誉。

18岁起，管延安就开始跟着师傅学习钳工，“干一行，爱一行，钻一行”是他对自己的要求，以主人翁精神去解决每一个问题。通过二十多年的勤学苦练和对工作的专注，一个个细小突破的集成，一件件普通工作的累积，使他精通了錾、削、钻、铰、攻、套、铆、磨、矫正、弯形等各门钳工工艺，因其精湛的操作技艺被誉为中国“深海钳工”第一人，成就了“大国工匠”的传奇，先后荣获全国五一劳动奖章、全国技术能手、全国职业道德建设标兵、全国最美职工、中国质量工匠、齐鲁大工匠等称号。能成就这一切，是管延安对技工这个职业的尊重，管延安以匠人之心追求技艺的极致，让海底隧道成为他实现梦想的平台。每个大工程背后，离不开这些技工人才，他们是闪光的螺丝钉，是中国制造不可或缺的人才。

【任务导入】

如图 2-1 所示的短轴零件，试分析车削 $\phi63_{-0.05}^{\ 0}$mm 外圆、切螺纹退刀槽、加工 M48×1.5-6g 螺纹时切削运动的组成。已知该零件的毛坯为 ϕ68mm×75mm 棒料，采用 CA6140 型车床，使用 YT15 硬质合金刀具来粗加工时，切削用量如何选择？

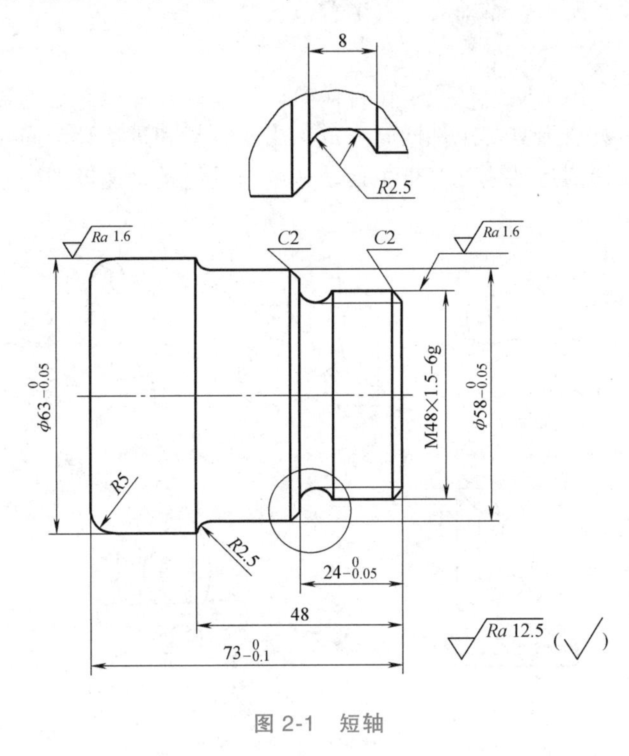

图 2-1　短轴

第一节　金属切削运动与切削要素

一、切削运动

金属切削加工指的是利用金属切削刀具切除工件上多余的金属材料，并满足零件尺寸、形状、位置精度及表面粗糙度的一种机械加工方法。在金属切削加工过程中，为切除多余的金属，刀具和工件之间必须有相对运动，这种相对运动称为切削运动。按照切削运动在切削加工中的所起的作用不同，可把其分为主运动和进给运动两种。

1. 主运动

主运动是由机床提供的主要运动，它促使刀具和工件之间产生相对运动，从而使刀具前面接近工件并切除切削层。主运动是切削加工中速度最高，消耗功率最大的运动。通常主运动只有一个，它可由工件完成，也可由刀具完成。

【提示】　如图 2-2 所示，车削时工件的旋转运动、钻削和铣削时刀具的旋转运动、刨削时工件或刀具的往复运动、磨削时砂轮的旋转运动等都是主运动。

2. 进给运动

进给运动是由机床或人力提供的运动，它使刀具与工件之间产生附加的相对运动，加上主运动，即可不断地或连续地切除多余金属，并得出具有所需几何特性的已加工表面。进给运动的特点是切削加工中速度较低，消耗功率较小。进给运动可以是连续的运动，也可以是间断运动。通常进给运动可以有一个或者多个，甚至可能没有。

【提示】 如图 2-2 所示，车削时刀具随着拖板纵向或横向的直线运动、钻削和铣削时工件随着工作台的水平运动和刀具的垂直移动、磨削时工件随工作台纵向往复运动加横向进给辅以工作台升降运动、刨削时工件随工作台横向运动辅以升降等都是进给运动。

切削运动可由刀具或刀具与工件同时完成。当主运动和进给运动同时进行时，可合成为合成切削运动。合成切削运动速度等于主运动速度与进给运动速度的矢量和。

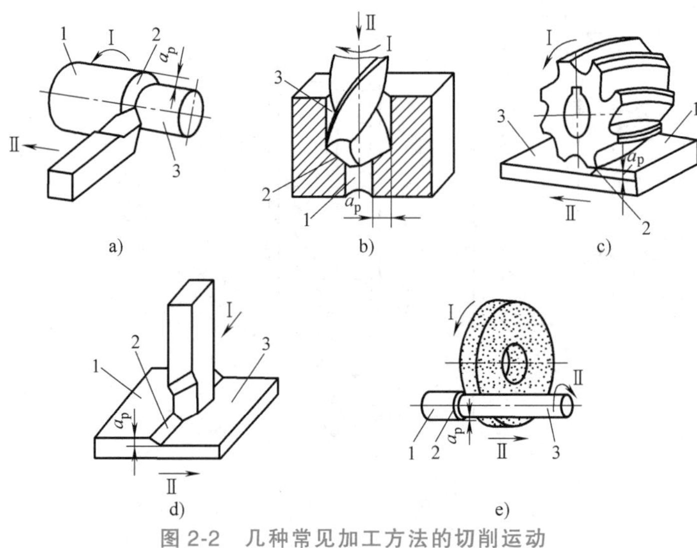

图 2-2 几种常见加工方法的切削运动

1—待加工表面 2—过渡表面 3—已加工表面

3. 切削时产生的表面

在切削过程中，工件上的多余金属层不断地被刀具切除而转变为切屑，同时工件上形成三个不断变化的表面，如图 2-3 所示。

（1）已加工表面 切削后形成的表面。

（2）过渡表面 工件上由切削刃形成的表面，即已加工表面到待加工表面之间的过渡面。

（3）待加工表面 即将被切削的表面。

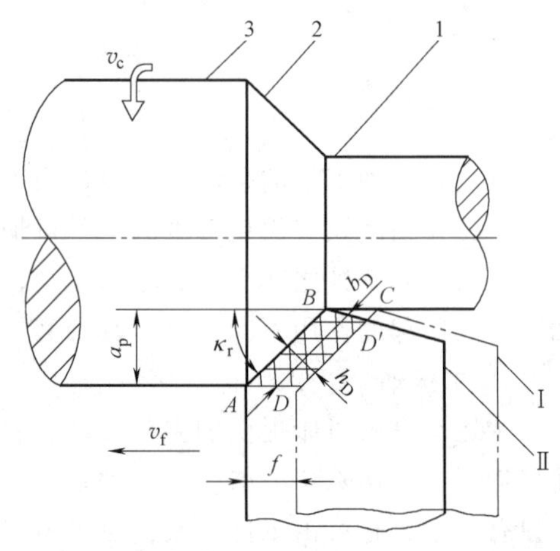

图 2-3 切削时的加工表面及切削要素

1—已加工表面 2—过渡表面 3—待加工表面

二、切削要素

1. 切削用量

切削用量是表示主运动及进给运动参数的数量，是切削速度 v_c、进给量 f 和背吃刀量 a_p 三者的总称。它是调整机床，计算切削力、切削功率和工时定额的重要参数。

(1) 切削速度 v_c　切削刃上选定点相对于工件的主运动的瞬时速度，单位为 m/s。当主运动为旋转运动时，其计算公式为

$$v_c = \frac{\pi dn}{1000} \tag{2-1}$$

式中　d——切削刃上选定点所对应的工件或刀具的直径，单位为 mm；

n——主运动的转速，单位为 r/s。

显然，当转速 n 一定时，选定点不同，切削速度不同。实际生产中考虑刀具的磨损和切削功率等原因，确定切削速度 v_c 时一律以刀具或工件进入切削状态的最大直径作为计算依据。

(2) 进给量 f　刀具在进给运动方向上相对于工件的位移量，可用刀具或工件每转（主运动为旋转运动时）或每行程（主运动为直线运动时）的位移量来表达和测量，单位为 mm/r 或 mm/行程。

切削刃上选定点相对工件的进给运动的瞬时速度称为进给速度 v_f，单位为 mm/s。它与进给量之间的关系为

$$v_f = nf = nf_z z \tag{2-2}$$

(3) 背吃刀量（切削深度）a_p　在与主运动和进给运动方向相垂直的方向上测量的已加工表面与待加工表面之间的距离，单位为 mm。

2. 切削层参数

在切削过程中，刀具的切削刃在一次进给中从工件待加工表面上切除的金属层，称为切削层。为简化计算，切削层参数是在与主运动方向相垂直的平面内度量的切削层截面尺寸，如图 2-4 所示。切削层的参数有以下三个：

(1) 切削层公称横截面积 A_D　切削层在给定瞬间与主运动方向相垂直的平面内度量的实际横截面积。实际上，由于刀具副偏角的存在，经切削加工后的已加工表面上常留下有规则的刀纹，这些刀纹在切削层尺寸平面里的横截面积 $\triangle ABE$ 称为残留面积，残留面积的高度直接影响已加工的表面的表面粗糙度值。

(2) 切削层公称宽度 b_D　沿切削刃方向测量的切削层截面尺寸，单位为 mm。它大致反映了主切削刃参加切削工作的长度。

(3) 切削层公称厚度 h_D　垂直于切削刃方向上测量的切削层截面尺寸，单位为 mm。

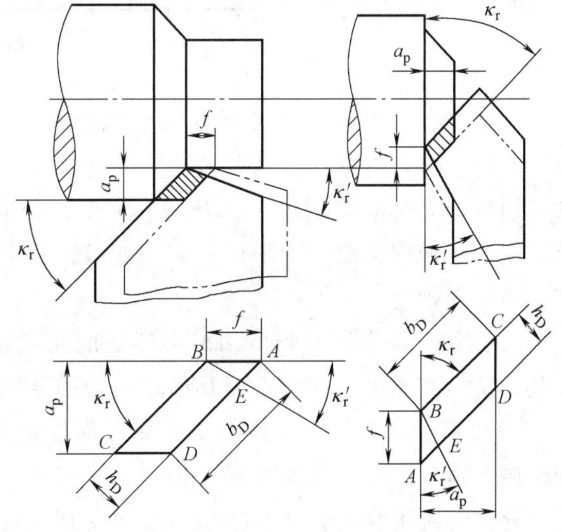

图 2-4　切削层参数

当主切削刃为直线且刀尖圆弧半径很小时，由图 2-4 可知：

$$b_D = a_p / \sin\kappa_r \tag{2-3}$$

$$h_D = f\sin\kappa_r \tag{2-4}$$

$$A_D = b_D h_D = a_p f \tag{2-5}$$

【提示】 主偏角值的不同，会引起切削层公称厚度与切削层公称宽度的变化，从而对切削过程的切削机理产生较大的影响。

第二节 金属切削基本规律

一、金属切削过程中的变形

1. 切屑的形成过程

以切削塑性金属为例，切削层金属转变为切屑的本质，是工件表层材料在加工过程中，受到刀具切削刃和前刀面的强烈挤压，连续发生弹性变形-塑性变形-断裂破坏，使切削层不断被变成切屑从前刀面流出。图 2-5 所示为低速切削时的切削层内发生的三个变形区情况。

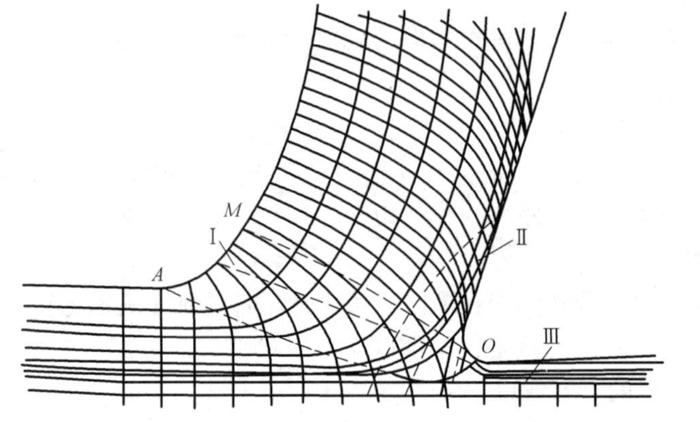

图 2-5 低速切削时形成的三个变形区

2-1 金属切削过程中的变形

(1) 第一变形区 当刀具前刀面以切削速度 v_c 挤压切削层时，切削层中的某点沿 OA 面开始产生剪切滑移，直到其流动方向开始与刀具前刀面平行，不再沿 OM 面滑移，切削层形成切屑沿刀具前刀面流出。从 OA 面开始发生塑性变形到 OM 面晶粒的剪切滑移基本完成，这一区域称为第一变形区。第一变形区的主要特征是沿滑移面的剪切滑移变形以及随之产生的加工硬化。

(2) 第二变形区 当剪切滑移形成的切屑在刀具前刀面流出时，切屑底层进一步受到刀具的挤压和摩擦，使靠近刀具前刀面处的金属再次产生剪切变形，称为第二变形区。

(3) 第三变形区 工件与刀具后刀面接触的区域，受到刀具刃口与刀具后刀面的挤压和摩擦，造成已加工表面变形，称为第三变形区。这是由于在实际切削中刀具的刃口不可避免地存在钝圆半径 r_n，使被挤压层再次受到刀具后刀面的拉伸、摩擦作用，进一步产生塑性变形，使已加工表面变形加剧。

2. 切屑的种类与控制

由于加工材料性质不同，切削条件不同，切削过程中的变形程度不同。根据切削过程中变形程度的不同，形成四种不同形态的切屑，如图 2-6 所示。

(1) 带状切屑 切屑连续成带状，底面光滑，背面无明显裂纹，呈微小锯齿形。一般加工塑性金属材料（如低碳钢、铜、铝），采用较大的刀具前角 γ_o，较小的切削层公称厚度 h_D，较高的切削速度 v_c 时，最易形成这种切屑。形成带状切屑时，切削力波动小，切削过程比较平稳，已加工表面的表面粗糙度值较小，但需采取断屑措施，以保证正常生产，尤其是自动生产线和自动机床生产。

（2）节状切屑　又称为挤裂切屑。这种切屑背面有较深的裂纹，呈较大的锯齿形。一般加工塑性较低金属材料（如黄铜），在刀具前角 γ_o 较小，切削层公称厚度 h_D 较大，切削速度 v_c 较低时，或加工碳素钢材料在工艺系统刚性不足时，易形成这种切屑。形成节状切屑时，切削力波动较大，切削过程不太稳定，已加工表面的表面粗糙度值较大。

（3）粒状切屑　又称为单元切屑。切削塑性材料时，若整个剪切面上的切应力超过了材料断裂强度，所产生的裂纹贯穿切屑断面时，挤裂呈粒状切屑。采用小前角或副前角，以极低的切削速度和大的切削层公称厚度切削时，会形成这种切屑。形成粒状切屑时，切削力波动大，切削过程不平稳，已加工表面的表面粗糙度值大。

（4）崩碎切屑　切削铸铁、青铜等脆性材料时，切削层通常在弹性变形后未经塑性变形就被挤裂，形成不规则的碎块状的崩碎切屑。工件材料越脆硬，刀具前角越小，切削层公称厚度越大，越易产生崩碎切屑。形成崩碎切屑时，切削力波动大，且切削层金属集中在切削刃口碎断，易损坏刀具，加工表面也凸凹不平，已加工表面的表面粗糙度值增大。

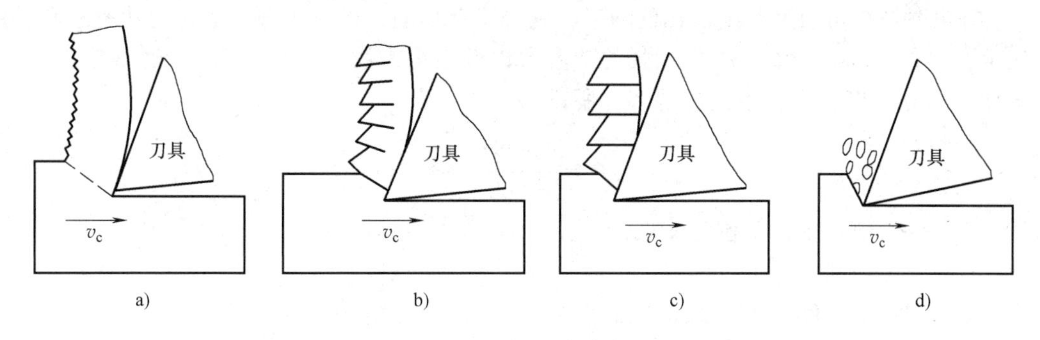

图 2-6　切屑的种类

a）带状切屑　b）节状切屑　c）粒状切屑　d）崩碎切屑

二、切削力

切削过程中，切削力直接影响切削热、刀具磨损与寿命、加工精度和已加工表面质量。在生产中，切削力又是计算切削功率，设计机床、刀具和夹具时进行强度、刚度计算的主要依据，研究切削力的变化规律，对于分析切削过程和实际生产都有重要意义。

1. 切削力的来源与分解

金属切削时，工件材料抵抗刀具切削时所产生的阻力称为切削力。它与刀具作用在工件上的力大小相等，方向相反。切削力来源于两方面，一是三个变形区内金属产生的弹性变形抗力和塑性变形抗力；二是切屑与前刀面、工件与后刀面之间的摩擦力。

切削时的总切削力一般为空间力，其方向和大小受多种因素影响而不易确定，为了便于分析切削力的作用和测量计算其大小，便于生产实际的应用，一般把总切削力 F 分解为三个互相垂直的切削分力 F_c、F_p 和 F_f，如图 2-7 所示。

(1) 主切削力 F_c　总切削力在主运动方向上的分力。它与主运动方向一致，垂直于基面，是三个切削分力中最大的，所以称为主切削力。主切削力是作用在工件上，并通过卡盘传递到机床主轴箱，它是设计机床主轴、齿轮和计算机床切削功率，校核刀具、夹具的强度与刚度，选择切削用量等的主要依据。

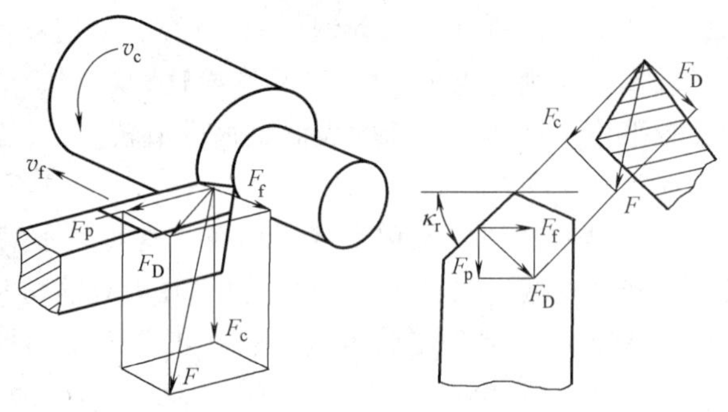

图 2-7　切削合力和分力

(2) 背向力 F_p　总切削力吃刀方向上的切削分力，在内、外圆车削中又称为径向力，单位为 N。由于在背向力方向上没有相对运动，所以背向力不消耗切削功率，但它作用在工件和机床刚性最差的方向上，易使工件在水平面内变形，影响工件精度，并易引起振动。背向力是校验机床刚度的主要依据。

(3) 进给力 F_f　总切削力在进给运动方向上的切削分力，在外圆车削中又称为轴向力，单位为 N。进给力作用在机床的进给机构上，是校验机床进给机构强度和刚度的主要依据。

2. 切削功率

切削功率是在切削过程中消耗的功率，它等于总切削力的三个分力消耗的功率总和。用 P_c 表示，单位为 kW。由于 F_f 所消耗的功率占比例很小，约为 1%~1.5%，通常略去不计。F_p 方向的运动速度为零，不消耗功率，所以切削功率为

$$P_c=\frac{F_c v_c\times10^{-3}}{60} \tag{2-6}$$

式中　P_c——切削功率，单位为 kW；

F_c——主切削力，单位为 N；

v_c——切削速度，单位为 m/min。

根据切削功率选择机床电动机功率时，还应考虑到机床的传动效率。机床电动机功率为

$$P_E\geqslant\frac{P_c}{\eta} \tag{2-7}$$

式中　P_E——机床电动机功率，单位为 kW；

η——机床的传动效率，一般为 0.75~0.85。

3. 影响切削力的主要因素

(1) 工件材料的影响　工件材料的强度、硬度越高，材料的剪切屈服强度越高，切削力越大。工件材料的塑性、韧性越好，加工硬化的程度高，由于变形严重，故切削力也越大。

(2) 切削用量的影响　切削用量中，背吃刀量与进给量对切削力影响较大。当 a_p 或 f 加大时，切削层的公称横截面积增大，变形抗力和摩擦阻力增加，因而切削力随之加大。实验证明，当其他条件一定时，背吃刀量 a_p 增大一倍时，切削力也增大一倍，进给量 f 增加一倍时，切削力增加 70%~80%。生产实践中，切削层的横截面积相同时，选择大的 f 比选择大的 a_p 切削力要小，如强力切削法就是基于这个原理。

(3) 刀具几何角度的影响　前角 γ_o 加大，切削层易从刀具前刀面流出，切削变形减

小，因此切削力下降。主偏角 κ_r 对三个分力都有影响，但对主切削力 F_c 影响较小，对进给力 F_f 和背向力 F_p 影响较大。当 κ_r 增大时，F_f 增大，F_p 减小。刃倾角 γ_s 对主切削力的影响较小，对进给力 F_f 和背向力 F_p 影响较大。当 γ_s 逐渐由正值变为负值时，F_f 增大，F_p 减小。

三、切削热与切削温度

切削热和切削温度，是影响刀具磨损和加工精度的重要原因。高的切削温度使刀具磨损加剧，寿命下降；机床的热变形，工件和刀具受热膨胀会导致工件精度达不到要求。

1. 切削热的产生与传出

在切削过程中，三个变形区因变形和摩擦所做的功绝大部分转变为热能，称为切削热。切削热来源于切削时切削层金属发生弹性和塑性变形功转变的热；刀具前刀面与切屑、刀具后刀面与工件表面摩擦产生的热。其中，切削塑性金属时，切削热主要来源于剪切区变形和刀具前刀面与切屑的摩擦所消耗的功。切削脆性材料，切削热主要来源于刀具后刀面与工件的摩擦所消耗的功。总的来说，切削塑性材料产生的热量要比脆性材料为多。

切削时所产生的切削热主要以热传导的方式分别由切屑、工件、刀具及周围介质向外传出。各部分传出热量的百分比，随工件材料、刀具材料、切削用量、刀具几何参数及加工方式的不同而变化。在一般干切削的情况下，大部分切削热由切屑带走，其次传至工件和刀具，周围介质传出的热量很少。

2. 影响切削温度的因素

切削温度的高低一方面取决于单位时间内产生热量的多少，同时又取决于单位时间内传散热量的多少，所以切削温度是指产生热量与传散热量的综合结果。

（1）工件材料　工件材料的强度越大、硬度越高，切削时消耗的功越多，产生的切削热越多，切削温度升高。工件材料的热导率大，热量容易传出，若产生的切削热相同，则热容量大的材料，切削温度低。工件材料的塑性越好，切削变形越大，切削时消耗的功越多，产生的切削热越多，切削温度升高。

（2）切削用量的影响　切削用量中，切削速度对切削温度影响最大。切削速度 v_c 增加，切削的路径增长，切屑底层与刀具前刀面发生强烈摩擦从而产生大量的切削热，切削温度显著升高。

进给量 f 对切削温度有一定的影响。随着进给量的增大，单位时间内金属的切除量增加，消耗的功率增大，切削热增大，切削温度上升。

背吃刀量 a_p 对切削温度影响很小。随着背吃刀量的增加，切削层金属的变形与摩擦成正比例增加，产生的热量按比例增加。但由于切削刃参加工作的长度也成比例增长，改善了刀头的散热条件，最终切削温度略有增高。

（3）刀具几何角度的影响　刀具几何参数对切削温度影响较大的是前角和主偏角。

前角 γ_o 增大，切削变形及切屑与刀具前面的摩擦减小，产生的热量小，切削温度下降。反之，切削温度升高。实验证明，前角从 10°增大到 25°时，切削温度约降低 25%。但前角太大，刀具的楔角减小，散热体积减小，切削温度反而升高。

主偏角 κ_r 增大，刀具主切削刃工作长度缩短，刀尖角 ε_r 减小，散热面积减少，切削热相对集中，从而提高了切削温度。反之，主偏角减小，切削温度降低。

四、切削液的选择

切削液在切削过程中起到冷却、润滑、清洗和防锈的作用。合理选择切削液，可以提高加工质量、刀具寿命和加工效率。

2-2 切削液与切削用量的选择

1. 切削液的种类

常用的切削液分为水溶液、乳化液和切削油三大类。

（1）水溶液 水溶液是以水为主要成分并加入防锈添加剂、油性添加剂的切削液。水溶液主要起冷却作用，同时由于其润滑性能较差，所以主要用于粗加工和普通磨削加工中。

（2）乳化液 由乳化油加95%～98%水稀释成的一种切削液。乳化油是由矿物油、乳化剂配置而成。添加乳化剂使矿物油与水乳化，形成稳定的切削液。

（3）切削油 以矿物油为主要成分并加入一定添加剂而构成的切削液。切削油主要起润滑作用。

2. 切削液的选用

切削液应根据工件材料、刀具材料、加工方法和技术要求等具体情况进行选择。

（1）粗加工时切削液的选择 因为粗加工所用的加工余量、切削用量较大，所以产生大量的切削热。在采用高速钢刀具切削时，由于高速钢刀具耐热性较差，需要采用切削液，这时使用切削液的主要目的是降温冷却，减少刀具磨损，因此应采用3%～5%的乳化液；硬质合金刀具由于耐热性较高，一般不用切削液，若要使用切削液，则必须连续、充分地浇注，以免处在高温状态的硬质合金刀片产生巨大的内应力而出现裂纹。

（2）精加工时切削液的选择 精加工要求加工后的表面粗糙度值较小，一般应采用润滑性能较好的切削液，如高浓度的乳化液或含极压添加剂的切削油。采用高速钢刀具精加工时，可用15%～20%的乳化液，以降低刀具磨损，改善加工表面质量。

（3）根据工件材料的性质选用切削液 切削塑性材料时需用切削液。切削铸铁等脆性材料时，一般不加切削液，以免崩碎状切屑黏附在机床的运动部件上。

切削铜合金和有色金属时，一般不得使用含硫化添加剂的切削液，以免腐蚀工件表面。切削铝、镁及其合金时，不得使用水溶液或水溶性乳化液。在贵重精密机床上加工工件时，不得使用水溶性切削液及含硫、氯添加剂的切削液。

综上所述，正确选用切削液，可以在减少切削热和加强热传散两个方面抑制切削温度的升高，从而提高刀具寿命和工件已加工表面质量。实践证明，合理使用切削液是提高金属切削加工效益既经济又简便的有效途径。

五、切削用量的选择

切削用量的大小对切削力、切削功率、刀具磨损、加工质量、生产率和加工成本等均有显著的影响。在切削加工中，采用不同的切削用量会得到不同的切削效果，为此必须合理选择切削用量。所谓合理选择切削用量，是指在保证工件加工质量和刀具寿命的前提下，充分发挥机床、刀具的切削性能，使生产率最高，生产成本最低。

1. 切削用量的选择原则

（1）粗加工时切削用量的选择原则 根据工件的加工余量，首先选择尽可能大的背

吃刀量 a_p；其次根据机床进给系统及刀杆的强度刚度等的限制条件，选择尽可能大的进给量 f；最后根据刀具寿命确定最佳的切削速度 v_c；并且校核所选切削用量是机床功率允许的。

（2）精加工时切削用量的选择原则　首先根据粗加工后的加工余量确定背吃刀量 a_p；其次根据已加工表面粗糙度的要求，选取较小的进给量 f；最后在保证刀具寿命的前提下，尽可能选择较高的切削速度 v_c；并校核所选切削用量是机床功率允许的。

2. 切削用量的选择方法

（1）背吃刀量 a_p　应根据加工余量确定背吃刀量。粗加工时应尽量用一次走刀切除全部加工余量。当加工余量过大、机床功率不足、工艺系统刚度较低、刀具强度不够、断续切削及切削时冲击振动较大时，可分几次走刀。切削表面层有硬皮的铸、锻件时，应尽量使背吃刀量大于硬皮层的厚度，以保护刀尖。

半精加工和精加工的加工余量一般较小，可一次切除。当需要保证工件的加工质量时，也可多次走刀。

多次走刀时，应将第一次的背吃刀量取大些，一般为总加工余量的2/3~3/4。在中等切削功率的机床上，粗加工背吃刀量可达8~10mm，半精加工背吃刀量可取0.5~2mm，精加工背吃刀量可取为0.1~0.4mm。

（2）进给量 f　粗加工时，由于对工件表面质量没有太高的要求，这时主要考虑机床进给系统以及刀杆的强度和刚度等限制因素，在工艺系统的强度刚度允许的情况下，可选用较大的进给量，可根据工件材料、刀杆尺寸、工件直径和已确定的背吃刀量查阅切削用量等相关手册确定。

半精加工和精加工时，由于进给量对工件的已加工表面粗糙度影响较大，进给量取得比较小。通常按照工件的表面粗糙度值要求，根据工件材料、刀尖圆弧半径、切削速度等条件查阅相关手册来选择进给量。

（3）切削速度 v_c　根据已选定的背吃刀量、进给量，按照一定刀具寿命下允许的切削速度公式来确定切削速度。粗加工时，背吃刀量和进给量都较大，切削速度受刀具寿命和机床功率的限制，一般较低。精加工时，背吃刀量和进给量都取得较小，切削速度主要受加工质量和刀具寿命影响，一般较高。

在选择切削速度时，还应考虑工件材料强度刚度及工件的切削加工性等因素的影响。

1）应尽量避开积屑瘤产生的切削速度区域。

2）断续切削、加工大件、细长件、薄壁工件时应选用较低的切削速度。

3）加工合金钢、高锰钢、不锈钢等材料的切削速度应比加工普通中碳钢的切削速度低20%~30%。

4）在易发生振动的情况下，切削速度应避开自激振动的临界速度。

5）加工带硬皮的工件时，应适当降低切削速度。

3. 机床功率的校核

切削加工的切削功率 P_c 可按式（2-6）计算。机床的有效功率 P'_E

$$P'_E = P_E \eta \tag{2-8}$$

式中　P_E——机床电动机功率；

η——机床传动效率，一般取 $\eta=0.75\sim0.85$。

【提示】 如果切削功率 P_c<机床有效功率 P_E，则选择的切削用量可在指定的机床上使用。如果切削功率 P_c = 机床有效功率 P_E，则机床的功率没有得到充分的发挥，这时可规定较低的刀具寿命或采用切削性能更好的刀具材料，以提高切削速度的办法使切削功率增大，达到充分利用机床功率，提高生产率的目的。如果切削功率 P_c>机床有效功率 P_E，则选择的切削用量不能在指定的机床上使用，这时可调换功率较大的机床，或根据所限定的机床功率降低切削用量，主要是降低切削速度，以满足机床功率要求。这时虽然机床功率得到充分利用，但刀具的切削性能未能充分发挥。

【任务实施】

一、分析切削运动的组成

车削如图 2-1 所示的零件，车削 $\phi63_{-0.05}^{\ 0}$mm 的外圆时的主运动为工件的旋转运动，进给运动为刀具沿轴向的直线运动；切螺纹退刀槽时的主运动为工件的旋转运动，进给运动为刀具沿径向的进给运动；加工 M48×1.5-6g 螺纹时的主运动为工件的旋转运动，进给运动为刀具的走刀运动。

二、确定切削用量

根据切削用量的原则：首先应选取尽可能大的背吃刀量，其次在机床动力和刚度允许的条件下，又满足加工表面粗糙度的情况下，选取尽可能大的进给量。最后根据公式确定最佳切削速度。

（1）背吃刀量的确定　已知工件的毛坯为 $\phi68$mm 的棒料，选择背吃刀量为 4.5mm，加工余量为 0.5mm。

（2）进给量确定　查 CA6140 型机床参数得机床功率为 $P_E=7.5$kW，中心高度为 200mm，查《切削用量手册》得进给量 $f=0.4\sim0.6$mm/r，查得 CA6140 型机床的标准进给量取 $f=0.51$mm/r。

（3）确定切削速度　查《切削用量手册》，使用 YT15 硬质合金刀具来粗加工，当 $\sigma_b=$ 918MPa，$f=0.51$mm/r 时，切削速度为 $v_t=1.28$m/s。

切削速度的修正系数查《切削用量手册》得 $k_{tv}=0.65$，$k_{nTV}=0.92$，$k_{sv}=0.9$，$k_{TV}=1.0$，$k_{kv}=1.0$。

$$v=v_tk_v=1.28\times0.65\times0.92\times0.9\times1.0\times1.0\text{m/s}=0.67\text{m/s}$$

$$n=\frac{1000v}{\pi d}=\frac{1000\times0.67}{3.14\times70}\text{r/s}=3.05\text{r/s}=183\text{r/min}$$

查 CA6140 型机床说明书可以知道，转速应选择 $n_0=200$r/min。这时实际切削速度

$$v_c=\frac{\pi dn_0}{1000}=\frac{3.14\times70\times200}{1000}\text{m/s}=0.73\text{m/s}$$

最后确定的切削用量：背吃刀量为 4.5mm，进给量为 0.51mm/r，转速为 200r/min，切削速度为 0.73m/s。

【知识与能力测试】

一、填空题

1. 切削运动可分为____________和____________及合成运动。

2. 在切削加工过程中，工件上形成三种表面：______表面、______表面和______表面。

3. 切削用量的三个要素为____________、____________和____________。

4. 背吃刀量是____________与____________间的____________距离。

5. 切削层的三要素是指____________、____________和____________。

6. 第一变形区主要的主要变形特征为____。

7. 按照切削变形程度的不同，可将切屑分为____________、____________、____________和____________。

8. 切削力来源于__________________________和__________________________两方面。

9. 切削用量选择应优先选择________________，其次确定________________，最后确定________________。

10. 切削液具有____________、____________、____________和____________等作用。

二、判断题

1. 切削加工中的主运动是指速度最高消耗功率最大的运动。(　　)

2. 切削加工中的进给运动可以有多个。(　　)

3. 切削层中的残留面积对工件的加工质量没有影响。(　　)

4. 减少切削加工的进给量可以降低加工表面粗糙度值。(　　)

5. 第一变形区主要的主要变形特征为剪切滑移变形。(　　)

6. 切削加工中的积屑瘤现象是不稳定的。(　　)

7. 切削加工中速度越高越易形成积屑瘤。(　　)

8. 加工脆性材料可以形成崩碎状切屑。(　　)

9. 背向力的大小影响加工时工艺系统刚度。(　　)

10. 切削用量选择时应优先选择切削速度。(　　)

三、综合题

1. 切削加工由哪些运动组成？它们各有什么作用？

2. 绘制车端面、刨斜面、镗内孔的加工示意图，并标明其切削运动。

3. 试说明车削的切削用量三要素（包括名称、定义、代号和单位）。

4. 切削层参数包括哪几项内容？

5. 画图标注外圆车削时的切削层参数。

6. 积屑瘤是怎样形成的？主要影响因素有哪些？

7. 分析切削用量三要素对主切削力的影响程度。

8. 切削温度对切削过程有何影响？影响切削温度的主要因素有哪些？

9. 粗加工和精加工，选择切削用量有什么不同的特点？

10. 常用切削液有哪几种？选择切削液的一般原则有哪些？

第三章　机械加工工艺基础知识

【知识与能力目标】

1）了解机械加工工艺的基本概念。
2）掌握工艺过程的组成。
3）掌握六点定位原理。
4）能根要求确定基准。
5）培养工作的规范性。

【课程思政】

大国工匠——顾秋亮

“蛟龙”号是中国首个大深度载人潜水器，有十几万个零部件，组装起来最大的难度就是确保密封性，精密度要求达到了“丝”级。而在中国载人潜水器的组装中，能实现这个精密度的只有钳工顾秋亮，也因为有着这样的绝活儿，顾秋亮被人称为“顾两丝”。多年来，他埋头苦干、踏实钻研、挑战极限，追求一辈子的信任，这种信念，让他赢得了潜航员托付生命的信任，也见证了中国从海洋大国向海洋强国的迈进。

顾秋亮在中国船舶重工集团公司第七〇二研究所从事钳工工作四十多年，先后参加和主持过数十项机械加工和大型工程项目的安装调试工作，是一名安装经验丰富、技术水平过硬的钳工技师。在“蛟龙”号载人潜水器的总装及调试过程中，顾秋亮作为潜水器装配保障组组长，工作兢兢业业，刻苦钻研，对每个细节进行精细操作，任劳任怨，以严肃的科学态度和踏实的工作作风，凭借扎实的技术技能和实践经验，主动勇挑重担，解决了一个又一个难题，保证了潜水器顺利按时完成总装联调。诚如顾秋亮所说，每个人都应该去寻找适合自己的人生之路。

【任务导入】

如图 3-1 所示轴承座零件，毛坯为铸件，其机械加工工艺过程如下。在铣床上铣底面；在车床上粗精车端面，钻、车 ϕ25H7 孔；倒角；调头粗精车另一端面，钻 3×ϕ9mm、锪 ϕ14mm 孔；去毛刺。试详细划分其工艺过程的组成并确定定位基准。

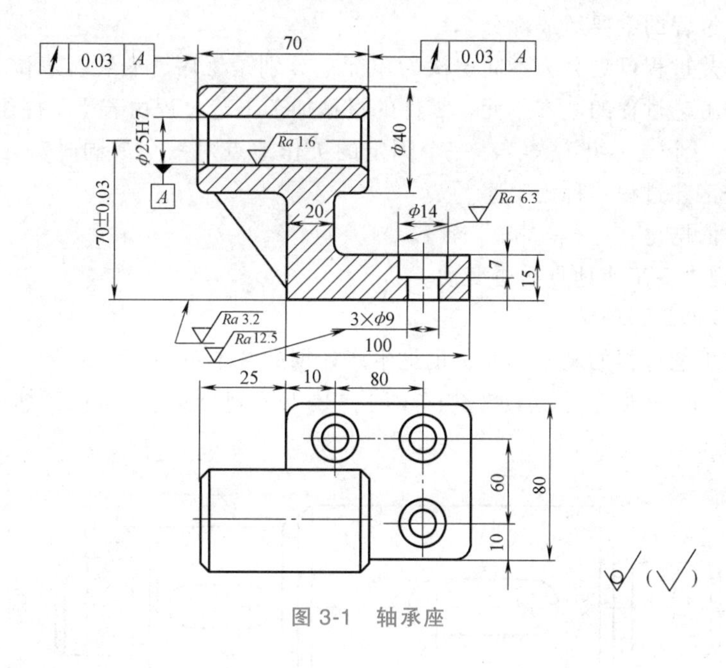

图 3-1　轴承座

第一节　基本概念

一、生产过程

制造机械产品时，由原材料转变成成品的各个相互关联的整个过程称为生产过程，它包括零件、部件和整机的制造。生产过程由一系列的制造活动组成，它包括原材料运输和保管、生产技术准备工作、毛坯制造、零件的机械加工和热处理、表面处理、产品装配、调试、检验以及涂装和包装等过程。

根据机械产品的复杂程度的不同，工厂的生产过程又可按车间分为若干车间的生产过程。某一车间的原材料或半成品可能是另一车间的成品；而它的成品又可能是其他车间的原材料或半成品。例如锻造车间的成品是机械加工车间的原材料或半成品；机械加工车间的成品又是装配车间的原材料或半成品等。

二、工艺过程

工艺过程是指在生产过程中改变生产对象的形状、尺寸、相对位置和性能等，使其成为半成品或成品的过程。机械产品的工艺过程又可分为铸造、锻造、冲压、焊接、铆接、机械加工、热处理、电镀、涂装、装配等工艺过程。工艺过程是生产过程中的主要组成部分，工艺过程根据其作用不同可分为零件机械加工过程和部件或成品装配工艺过程。

机械加工工艺过程是利用切削加工、磨削加工、电加工、超声波加工、电子束及离子束加工等机械、电的加工方法，直接改变毛坯的形状、尺寸、相对位置和性能等，使其转变为合格零件的过程。把零件装配成部件或成品并达到装配要求的过程称为装配工艺过程。机械加工工艺过程直接决定零件和产品的质量，对产品的成本和生产周期都有较大的影响，是机械产品整个工艺过程的主要组成部分。

机械加工工艺过程可划分为不同层次的单元，分别是工序、安装、工位、工步和走刀。其中工序是划分工艺过程的基本单元，零件的机械加工工艺过程由若干工序组成。

(1) 工序　一个或一组工人，在一个固定的工作地点对一个或同时对几个工件所连续完成的那一部分工艺过程，称为工序。

工序的划分依据是：

1) 加工过程中，工作地点是否变动。

2) 加工的零件是否连续。

工序是组成工艺过程的基本单元，也是生产计划的基本单元。

如图 3-2 所示阶梯轴，当加工数量较少时，其工序划分见表 3-1；当加工数量较大时，其工序划分见表 3-2。

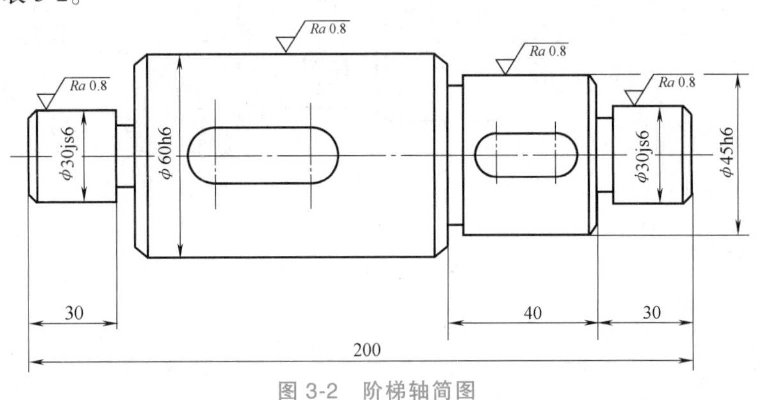

图 3-2　阶梯轴简图

表　3-1

工序	工序内容	设备
1	车一端面，钻中心孔；调头车另一端面，钻中心孔	车床
2	车大外圆及倒角；调头车小外圆及倒角	车床
3	铣键槽，去毛刺	铣床

表　3-2

工序	工序内容	设备
1	铣端面、钻中心孔	机床
2	车大外圆及倒角	车床
3	车小外圆及倒角	车床
4	铣键槽	键槽铣床
5	去毛刺	钳工台

【提示】 表 3-1 的工序 2 中，先车一个工件的一端，然后调头再车另一端。如果先车好一批工件的一端，然后调头再车这批工件的另一端，这时对每个工件来说，两端的加工已不连续，所以即使在同一台车床上加工也应算作两道工序。

（2）工步　在加工表面、加工工具、切削速度和进给量不变的情况下，所连续完成的那一部分工序内容，称为工步。构成工步的任一要素改变后，即成为另一新的工步。工步是构成工序的基本单元。

（3）走刀　在一个工步内，如果加工余量很大，需要同一把刀具在相同的转速和进给量下（切深可稍有变化），对同一表面进行多次切削，这时每一次切削就是一次走刀。

（4）安装　工件经一次装夹后所完成的那一道工序，称为安装。将工件在机床上或夹具中定位、夹紧的过程称为装夹。确定工件在机床或夹具中占有正确位置的过程称为定位。工件定位后将其固定，使其在加工过程中保持定位位置不变的操作称为夹紧。

在一个工序中，工件可安装一次，也可安装几次。如表 3-1 中的工序 1 要进行两次安装。

（5）工位　为了完成一定的工序部分，一次装夹工件后，工件（或装配元件）与夹具或设备的可动部分一起相对刀具或设备的固定部分所占据的每一个位置，称为工位。多工位加工示例如图 3-3 所示。

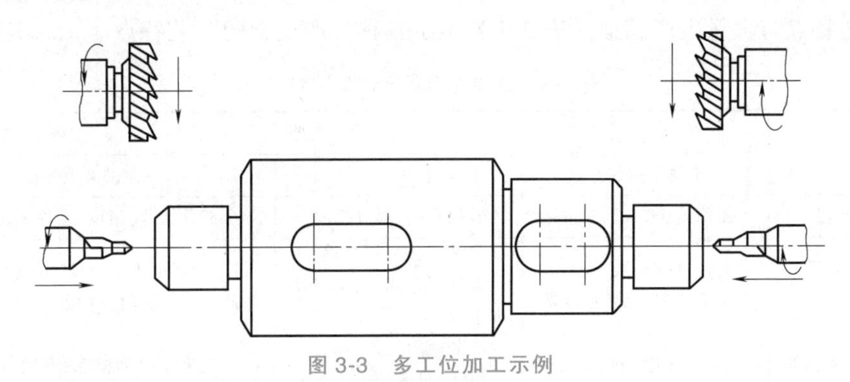

图 3-3　多工位加工示例

3-1　工序

3-2　工位

3-3　工步

三、生产纲领与生产类型

1. 生产纲领

生产纲领是指在计划期内企业应当生产的产品产量和进度计划。在计划期为一年的零件年生产纲领 N 可按下式计算：

$$N = Qn(1+a\%)(1+b\%) \tag{3-1}$$

式中　Q——产品的年产量（台/年）；

n——每台产品中该零件的数量；

$a\%$——备品的百分率；

$b\%$——废品的百分率。

2. 生产类型

生产类型可以反映出企业生产专业化程度。根据企业生产的产品特征（即产品属于重型、中型或轻型零件）、年生产纲领、批量以及投入生产的连续性，一般分为三种生产类型，即单件生产、成批生产和大量生产。

单件生产指企业生产的同一种零件的数量很少，企业产品品种多而且很少重复，企业中各工作地点的加工对象经常改变。例如重型机器制造、专用设备制造和新产品试制都属于单件生产。

大量生产指企业生产的同一种产品的数量很大，连续地大量制造同一种产品。企业中大多数工作地点固定地加工某种零件的某一道工序。例如汽车、轴承、摩托车等产品的制造。

成批生产指企业按年度分批生产相同的产品，生产呈周期性重复。例如普通机床制造、纺织机械的制造等。通常企业并不是把全年产量一次投入车间生产，而是根据产品的生产周期、销售以及车间生产的均衡情况，按一定期限分次、分批投产。一次投入或产出的同一产品或零件数量称为生产批量，简称批量。

成批生产中，按照批量不同，分为小批生产、中批生产和大批生产三种。为取得好的经济效益，不同生产类型的工艺特点是不一样的，小批生产的工艺特点与单件生产相似，大批生产的工艺特点与大量生产相似。表 3-3 列出了各种生产类型的工艺特点。

表 3-3　各种生产类型的工艺特点

工艺特点	生产类型		
	单件小批生产	中批生产	大批大量生产
零件的互换性	用修配法，缺乏互换性	多数互换，部分修配	全部互换，高精度，工件采用分组装配
毛坯情况	锻件自由锻造，铸件木工手工造型，毛坯精度低	锻件部分采用模锻，铸件部分用金属型，毛坯精度中等	广泛采用锻模，机器造型等高效方法生产毛坯，毛坯精度高
机床设备及其布置形式	通用机床，机群式布置，也可用数控机床	部分通用机床，部分专用机床，机床按零件类别分工段布置	广泛采用自动机床，专用机床，按流水线、自动线排列设备
工艺装置	通用刀具、量具和夹具，或组合夹具，找正法装夹工件	广泛采用夹具，部分靠找正装夹工件，较多采用专用量具和刀具	高效专用夹具，多用专用刀具，专用量具及自动检测装置
对工人的技术要求	高	中等	对调整工人的技术水平要求高，对操作工人技术水平要求低
工艺文件	仅要工艺过程卡	工艺过程卡，关键零件的工序卡	详细的工艺文件，如工艺过程卡、工序卡、调整卡等
加工成本	较高	中等	低

第二节　工件定位的基本原理

一、工件的自由度

由刚体运动的规律可知，在空间一个自由刚体有且仅有六个自由度。如图 3-4 所示的工件，它在空间的位置是任意的，即既能沿 x、y、z 三个坐标轴移动，称为移动自由度，分别表示为 $\vec{x}$、$\vec{y}$、$\vec{z}$；又能绕 x、y、z 三个坐标轴转动，称为转动自由度，分别表示为 $\overset{\frown}{x}$、$\overset{\frown}{y}$、$\overset{\frown}{z}$。

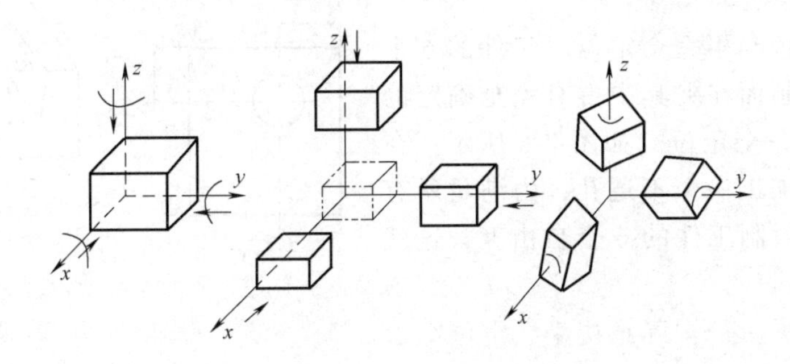

图 3-4　工件的六个自由度

二、六点定位原理

1. 六点定位原理的概念

由上述介绍可知，如果要使一个自由刚体在空间有一个确定的位置，就必须设置相应的六个约束，分别限制刚体的六个运动自由度。在讨论工件的定位时，工件就视为自由刚体。如果工件的六个自由度都加以限制了，工件在空间的位置也就完全被确定下来了。

【提示】　定位实质上就是限制工件的自由度。

分析工件定位时，通常是用一个支承点限制工件的一个自由度。合理设置六个支承点限制工件的六个自由度，使工件在夹具中的位置完全确定，这就是六点定位原理。例如，在如图 3-5a 所示的矩形工件上铣削半封闭式矩形槽时，如图 3-5b 所示，可以设想有六个支承点分布在三个互相垂直的坐标平面内，在其底面设置三个不共线的支承点 1、2、3，限制工件的三个自由度 $\overset{\frown}{x}$、$\overset{\frown}{y}$、$\vec{z}$；在其侧面设置两个支承点 4、5，限制工件的两个自由度 $\vec{x}$、$\overset{\frown}{z}$；在其端面设置一个支承点 6，限制工件的一个自由度 $\vec{y}$。于是工件的六个自由度全部被限制

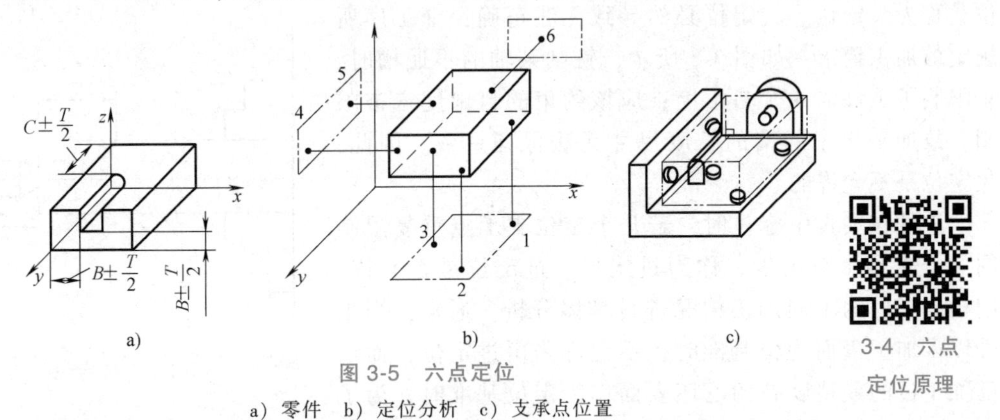

3-4　六点定位原理

图 3-5　六点定位
a）零件　b）定位分析　c）支承点位置

了，实现了六点定位，如图 3-5c 所示，设置了六个支承钉。在具体的夹具中，支承点是由定位元件来体现的。

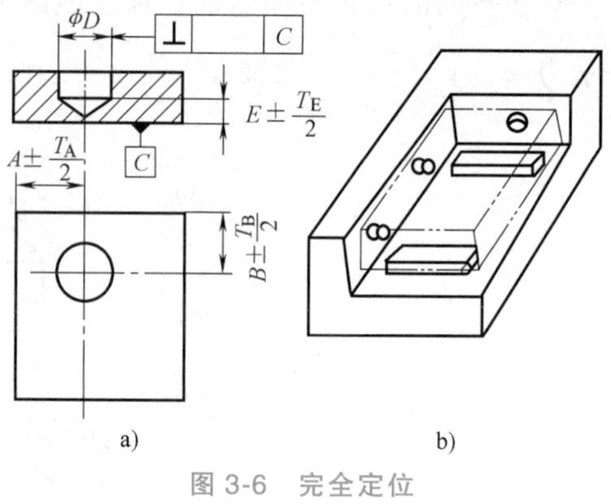

图 3-6　完全定位

a）工件　b）定位设计

2. 工件定位的几种情况

（1）完全定位与不完全定位　工件的 6 个自由度全部被限制而在夹具中占有完全确定的唯一位置，称为完全定位。如图 3-6 所示，在某长方体工件上加工一个不通孔，为满足所有加工要求，必须限制工件的 6 个自由度，这就是完全定位。

【提示】　在夹具的实际结构中，定位支承点是通过具体的定位元件体现的，即支承点不一定用点或销的顶端，而常用面或线来代替。由于两点决定一条直线，三点决定一个平面，即一条直线可以代替两个支承点，一个平面可以代替三个支承点，因而在具体应用时，还可用窄长的平面代替直线，用较小的平面代替点。

没有全部限制工件的 6 个自由度，但也能满足加工要求的定位，称为不完全定位。图 3-7a 所示为铣削工件的台阶面，为保证两个加工尺寸 Y 和 Z，和台肩平行的底面和侧面只需限定 $\vec{y}$、$\vec{z}$、$\overset{\frown}{x}$、$\overset{\frown}{y}$、$\overset{\frown}{z}$ 五个自由度即可；图 3-7b 所示为磨削工件的顶面，为保证一个加工尺寸 Z，仅需限制 $\overset{\frown}{x}$、$\overset{\frown}{y}$、$\vec{z}$ 三个自由度即可。像这种根据加工的技术要求，没有完全限制六个自由度的定位都属于不完全定位。

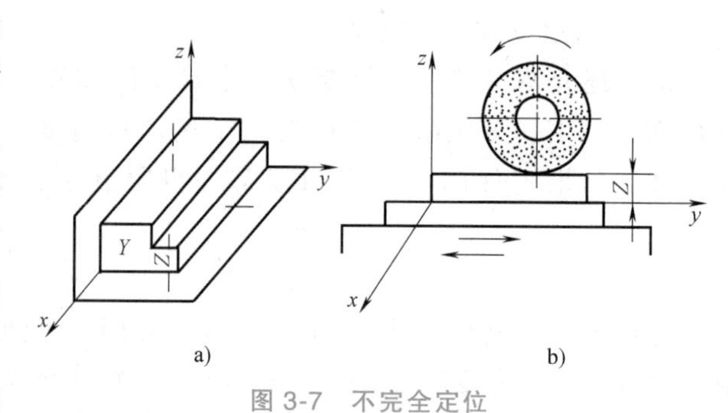

图 3-7　不完全定位

【提示】　为了便于承受切削力、夹紧力或为了保证一批工件的进给长度一致，有时将无加工要求的自由度也加以限制。

（2）欠定位与过定位　根据加工要求，工件必须限制的自由度没有达到全部限制的定位，称为欠定位。欠定位必然导致无法正确保证工序所规定的加工要求。如图 3-8 所示，铣削某轴的不通槽时，只限制了工件的 4 个自由度；应该约束的自由度未被限制，故加工出来的槽的长度尺寸无法保证一致。因此，欠定位是不允许的。

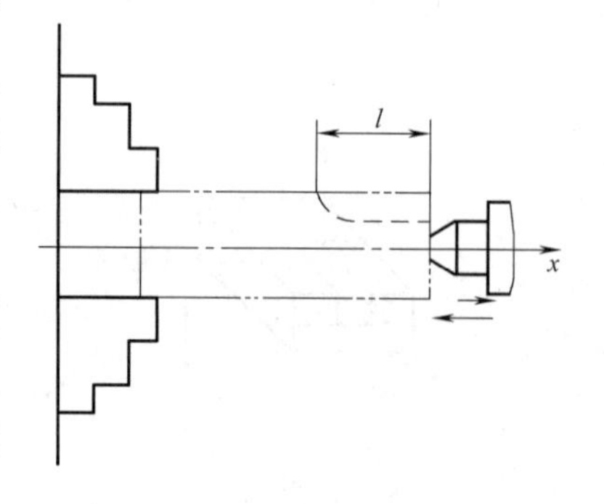

图 3-8　欠定位

工件在夹具中定位时，若几个定位支承点重复限制同一个或几个自由度，称为过定位。过定位是否允许，应根据工件的不同加工情况进行具体分析。通常，当工件以未加工表面为位基准时，不允许采用过定位；而以已加工过的或精度高的毛坯表面作为定位基准时，为了提高工件定位的稳定性和刚度，在一定条件下允许采用过定位。如图 3-9 所示，铣削某矩形工件的上表面时，工件以地面作为定位基准。

当设置 3 个定位支承点时（图 3-9a），属于不完全定位，是合理方案；当设置 4 个定位支承点时（图 3-9b），属于过定位。

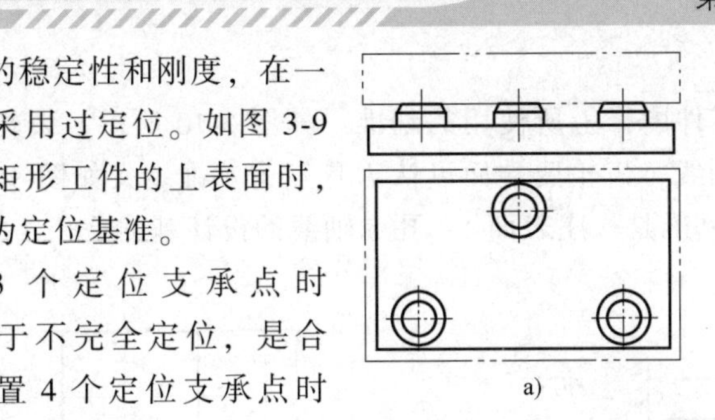

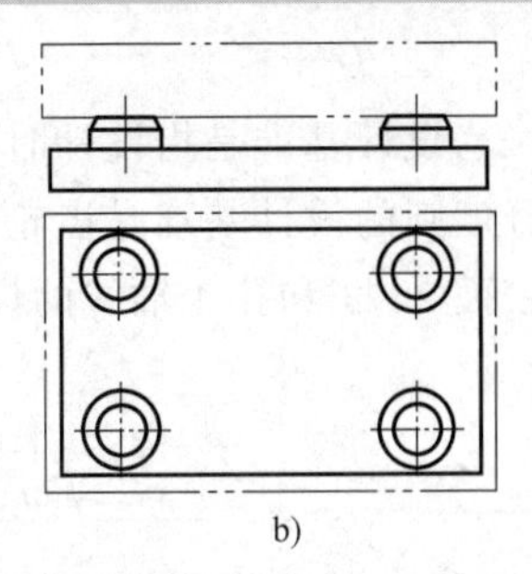

图 3-9　铣削矩形工件的定位分析

【提示】 若地面粗糙或是 4 个定位支承点不在同一平面上，实际只有 3 个点接触时，将造成工件定位的位置不定或一批工件定位位置不一致，是不合理方案；若底面已加工过，保证 4 个定位支承点在同一平面上，则一批工件在夹具中的位置基本一致，增加的定位支承点可使工件定位更加稳定，更有利于保证工件的加工精度，是合理方案。如果重复限制相同自由度的定位支承点之间存在严重的干涉和冲突，以致造成工件或夹具的变形，从而明显影响定位精度，这样的过定位必须严禁采用。

3. 应用六点定位原理应注意的问题

应用六点定位原理实现工件在夹具中的正确定位时，应注意以下几点。

1）设置三个定位支承点的平面限制一个移动自由度和两个转动自由度，称为主要定位面。工件上选作主要定位的表面应力求面积尽可能大些，而三个定位支承点的分布应尽量彼此远离和分散，绝对不能分布在同一条直线上，以承受较大外力作用，提高定位稳定性。

2）设置两个定位支承点的平面限制两个自由度，称为导向定位面。工件上选作导向定位的表面应力求面积狭而长，而两个定位支承点的分布在平面纵长方向上应尽量彼此远离，绝对不能分布在平面窄短方向上，以使导向作用更好，提高定位稳定性。

3）设置一个定位支承点的平面限制一个自由度，称为止推定位面或防转定位面。究竟是止推作用还是防转作用，要根据这个定位支承点所限制的自由度是移动的还是转动的而定。

4）一个定位支承点只能限制一个自由度。

5）定位支承点必须与工件的定位基准始终贴紧接触。一旦分离，定位支承点就失去了限制工件自由度的作用。

3-5　工件的定位方式

6）工件在定位时需要限制的自由度数目以及究竟是限制哪几个自由度，完全由工件该工序的加工要求决定，应该根据实际情况进行具体分析，合理设置定位支承点的数量和分布情况。

7）定位支承点所限制的自由度，原则上不允许重复或相互矛盾。

第三节　工件的定位基准

一、基准概念及分类

在零件的设计和制造过程中，要确定零件上点、线、面的位置，必须以一些指定的点、线、面作为依据，这些作为依据的点、线、面称为基准。基准按作用的不同，常分为设计基准和工艺基准两类。

1. 设计基准

设计基准是指设计时在零件图样上所使用的基准。如图 3-10 所示，齿轮内孔、外圆和分度圆的设计基准是齿轮的轴线，齿轮两端面可认为是互为基准。又如图 3-11 所示，机座表面 2、3 和孔 4 轴线的设计基准是机座表面 1；孔 5 轴线的设计基准是孔 4 的轴线。

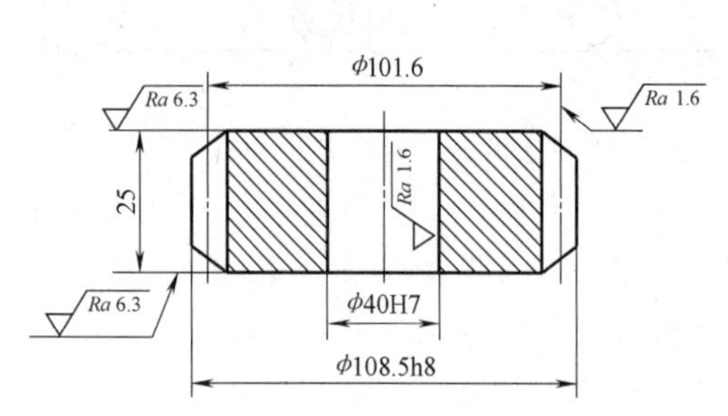

图 3-10　齿轮设计基准选择示意图

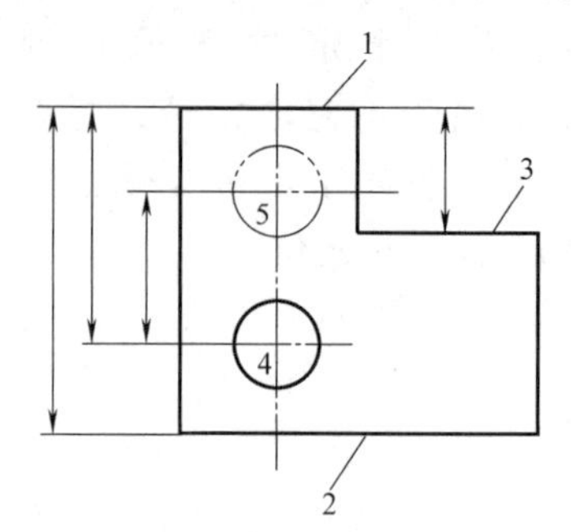

图 3-11　机座设计基准选择示意图

2. 工艺基准

工艺基准是指在制造零件和装配机器的过程中所使用的基准。工艺基准又分为工序基准、定位基准、测量基准和装配基准，它们分别用于工序图中工序尺寸的标注、工件加工时的定位、工件的测量检验和零件的装配。

（1）工序基准　工序基准在工序图上，用以标定被加工表面位置的点、线、面称为工序基准（所标注的加工面的位置尺寸是工序尺寸），即工序尺寸的设计基准。如图 3-12 所示，铣平面 C，则平面 M 是平面 C 的工序基准，尺寸 $C\pm\Delta C$ 是工序尺寸。

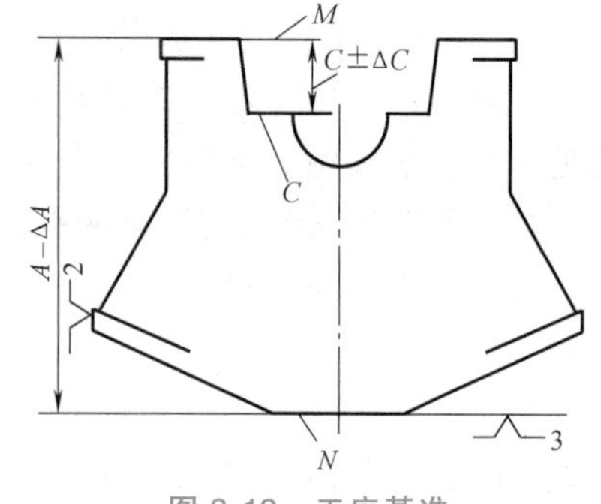

图 3-12　工序基准

（2）定位基准　加工时确定零件在机床或夹具中位置所依据的那些点、线、面称为定位基准，即确定被加工表面位置的基准。例如，车削图 3-10 中的齿轮轮坯的外圆和下端面时，若用已经加工过的内孔将工件安装在心轴上，则孔的轴线就是外圆和下端面的定位基准。

【提示】　工件上作为定位基准的点或线，总是由具体表面来体现的，这个表面称为定位基准面。例如，图 3-10 中的齿轮内孔的轴线，并不具体存在，而是由内孔表面来体现的，确切地说，内孔是加工外圆和左端面的定位基准面。

（3）测量基准　被加工表面的尺寸、位置所依据的基准称为测量基准，如图 3-13 所示。

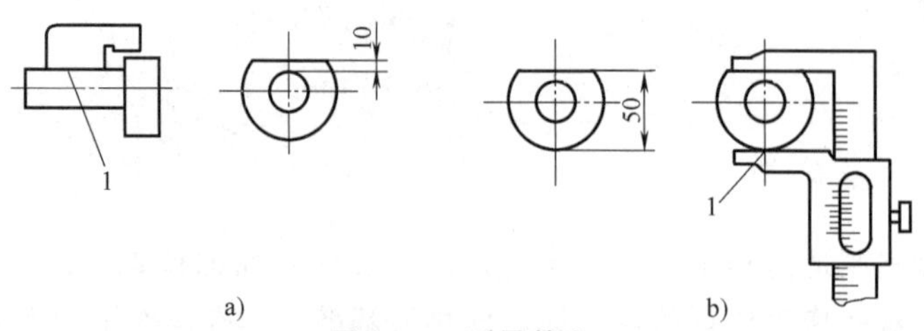

图 3-13　测量基准

1—测量基准

(4) 装配基准　在装配时，确定零件位置的点、线、面称为装配基准，即装配中用来确定零件、部件在机器中位置的基准。如图 3-14 所示，锥齿轮 1 的装配基准是内孔及端面，轴 2 的装配基准是中心线及端面，轴承 3 的装配基准是轴承中心线及端面。装配基准一般与设计基准重合。

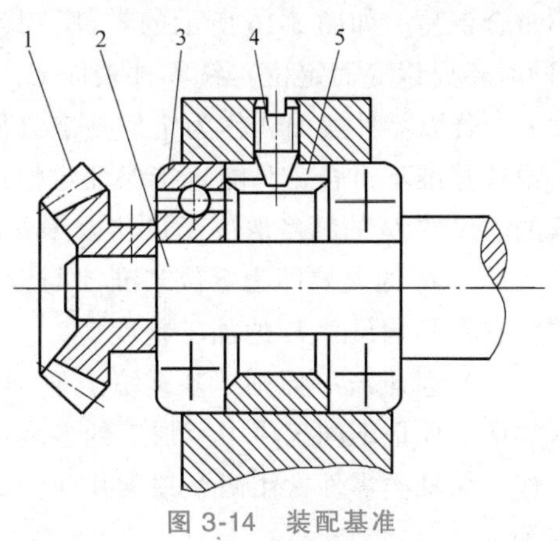

图 3-14　装配基准

1—锥齿轮　2—轴　3—轴承　4—螺钉　5—隔圈

【提示】　一般情况下，设计基准是在图样上给定的。定位基准是工艺人员根据不同的工艺顺序与装夹方法确定的，即可以选出不同的定位基准。正确地选择定位基准是制订工艺规程的主要内容之一，也是夹具设计的前提。

二、定位基准的选择

合理地选择定位基准，对于保证加工精度和确定加工顺序都有决定性的影响。在最初的每一道工序中，只能用毛坯上未经加工的表面作为定位基准，这种定位基准称为粗基准。经过加工的表面所组成的定位基准称为精基准。

1. 粗基准的选择

选择粗基准时一般应注意以下几点。

1）选择不加工表面作为粗基准，可以保证加工表面与不加工表面之间的相互位置精度。例如，如图 3-15a 所示的零件，可以选择外圆柱面和左端面作为粗基准，这样既可以保证内外圆同轴（壁厚均匀），又保证定位尺寸 L。

2）若工件必须保证某个重要表面加工余量均匀，则应选择该表面作为粗基准。例如，车床床身的导轨面是重要表面，要求硬度高而均匀，希望加工该表面时只切去一小层均匀的余量，使其表面保留均匀的金相组织，具有较高且一致的物理力学性能，以增加导轨的耐磨性。故应先以导轨面作为粗基准加工床腿底平面，如图 3-15b 所示；然后以床腿底平面作为精基准加工导轨面，如图 3-15c 所示。

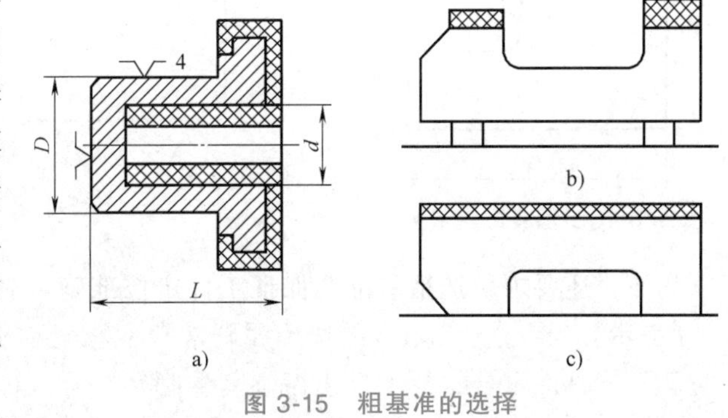

图 3-15　粗基准的选择

3）选作粗基准的表面应尽可能平整光洁，无飞边、毛刺等缺陷，使定位准确、夹紧可靠。

4）粗基准原则上只能用一次。因粗基准本身都是未经加工的表面，精度低，表面粗糙度值大，若在不同工序中重复使用同一方向的粗基准，则不能保证被加工表面之间的位置精度。

2. 精基准的选择

精基准的选择应有利于保证加工精度，具体选择时可参考下列原则。

(1) 基准重合原则　基准重合原则是指尽量选择设计基准作为定位基准，以避免基准不重合误差。如图 3-16 所示的零件，其设计尺寸为 l_1、l_2。若以零件表面 B 作为定位基准（同时还要以底面定位）铣零件表面 C，这时定位基准与设计基准重合，可直接保证设计尺寸 l_1。若以零件表面 A 作为定位基准（同样还要以底面定位）铣零件表面 C，这时定位基准与设计基准不重合，只能直接保证定位尺寸 l，而设计尺寸 l_1，是通过尺寸 l_2 和 l 来间接保证的。尺寸 l_1 的精度取决于尺寸 l_2 和 l 的精度。

尺寸 l_2 的误差即为定位基准 A 与设计基准 B 不重合而产生的误差，称为基准不重合误差，它将影响尺寸 l_1 的加工精度。

（2）基准统一原则　基准统一原则是指在尽可能多的工序中选用相同的精基准定位。这样便于保证不同工序中所加工的各表面之间的相互位置精度，并能简化夹具的设计与制造工作。如轴类零件常用两个顶尖孔作为统一精基准，箱体类零件常用一面两孔作为统一精基准等。

（3）互为基准原则　互为基准原则是指互为基准，反复加工。如精密齿轮高频感应淬火后，齿面的淬硬层较薄，可先以齿面作为精基准磨内孔，再以内孔作为精基准磨齿面，这样可以保证齿面切去小而均匀的余量。

（4）自为基准原则　某些精加工或光整加工工序中要求余量小而均匀，可选择加工表面本身作为精基准。例如，磨削床身导轨面时可先用百分表找正导轨面，然后进行磨削，可以获得均匀的余量，如图 3-17 所示。导轨面本身既是定位面，又是进行精加工或光整加工的精基准。

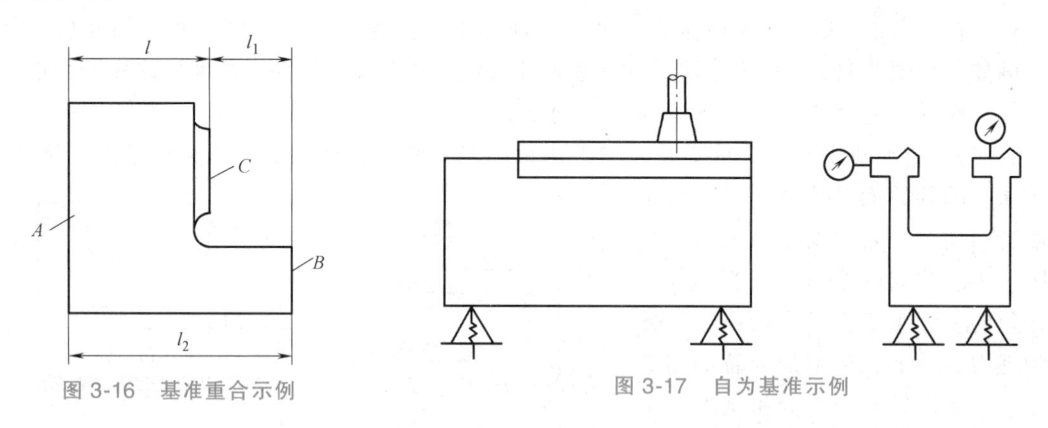

图 3-16　基准重合示例　　图 3-17　自为基准示例

此外，还要求所选精基准能保证工件定位准确可靠，装夹方便，夹具结构简单。

【提示】 上述定位基准的选择原则常常不能全都满足，甚至会互相矛盾，如基准统一，有时就不能基准重合，故不应生搬硬套，必须结合具体情况，灵活应用。

【任务实施】

加工图 3-1 所示的轴承座，其机械加工工艺过程见表 3-4，表中列出各工序的定位基准以及选择定位基准的依据。

表 3-4　轴承座机械加工工艺过程

工序	工序内容	设备	定位基准	简述原因
10	铣底面	铣床	粗基准为 ϕ40mm 外圆及底面侧面	保证不加工面（ϕ40mm 外圆）与加工面（底面）的位置精度

（续）

工序	工序内容	设备	定位基准	简述原因
20	车端面，钻、车 ϕ25H7 孔	车床	精基准为底面及 ϕ40mm 外圆侧面	基准重合，即定位基准与设计基准重合
30	车另一端面	车床	ϕ25H7 孔	基准重合
40	钻 3×ϕ9mm、锪 ϕ14mm 孔	钻床	底面及底面侧面	基准重合

【知识与能力测试】

一、填空题

1. 划分工序的依据为________________、________________。

2. 工步是工序中一个部分，是指当加工表面、__________和切削用量中的__________与__________均保持不变时所完成的那部分工序。

3. 基准可分为________________和________________两类。

4. 工艺基准按其用途不同可分为工序基准、__________、__________和__________。

5. 定位的实质就是消除工件的__________，工件的六个自由度都被限制的定位称为__________。

6. 在零件图上，用以确定其他点、线、面__________的基准称为________________。

7. 生产类型可分为________________、________________和________________。

8. 工件在机床上________________和________________的过程称为装夹。

9. 重复限制自由度的定位现象称为________________。

10. 工件定位时，被消除的自由度少于六个，且不能满足加工要求的定位称为__________。

二、判断题

1. 工件定位时，欠定位是不允许存在的。(　　)

2. 选择加工表面的设计基准作为定位基准称为基准统一原则。(　　)

3. 一道工序只能在一台设备上完成。(　　)

4. 在一个工序中只允许进行一次安装。(　　)

5. 一次安装只能有一个工位。(　　)

6. 一个工位只能完成一个工步。(　　)

7. 工序是工艺系统的最小单元。(　　)

8. 单件小批生产对调整工人的技术水平要求高，对操作工人技术水平要求低。(　　)

9. 大批大量生产采用高效专用夹具，多用专用刀具，专用量具及自动检测装置。(　　)

10. 零件的生产纲领是指生产一个零件所花费的劳动时间。(　　)

三、综合题

1. 试述生产过程、工艺过程、工序、工步、走刀、安装和工位的概念。

2. 什么是生产纲领？单件生产和大量生产各有哪些主要工艺特点？

3. 何谓“六点定位原理”？“不完全定位”和“过定位”是否均不能采用？为什么？

4. 欠定位和过定位是否均不允许使用？为什么？

5. 试述设计基准、定位基准、工序基准的概念，并举例说明。

6. 简述粗、精基准的选择原则。

第四章　机械加工工艺规程的制订

【知识与能力目标】

1）了解机械加工工艺规程制订的基本概念。
2）掌握机械加工工艺规程的设计步骤。
3）掌握工序尺寸及公差的确定方法。
4）能根据加工要求正确选择加工方法。
5）能分析典型零件的加工工艺过程。
6）培养爱业、敬业、乐业、勤业、精业的良好职业精神。

【课程思政】

大国工匠——胡双钱

胡双钱出身于工人家庭，作为中国商飞上海飞机制造有限公司高级技师、数控机加车间钳工组组长，他先后高精度、高效率地完成了 ARJ21 新支线飞机首批交付飞机起落架钛合金作动筒接头特制件、C919 大型客机首架机壁板长桁对接接头特制件等加工任务。核准、划线，锯掉多余的部分，握着锉刀将零件的锐边倒圆、去毛刺……这样的动作，他整整重复了 30 年。这位“航空手艺人”用一丝不苟的工作态度和精益求精的工作作风，创造了“35 年没出过一个次品”的奇迹。

谈及工匠精神，胡双钱认为，工匠精神就是工匠的良心，飞机关乎乘客生命，飞机零部件制造绝不能出差错，一个差错就是生与死的差别。胡双钱说：“工匠精神是一种努力将 99%提高到 99.99%的极致，每个零件都关系着乘客的生命安全，确保质量，是我最大的职责。”

【任务导入】

机械加工工艺规程是机械制造企业生产管理的重要技术文件，对零件的加工质量、生产成本和生产率有很大的影响。制订机械加工工艺规程，是一项重要而又严肃的工作，是机械企业工艺技术人员的一个主要工作内容，也是本章的核心内容。在现有的生产条件下，如何采用经济、有效的加工方法，并经过合理的加工路线加工出符合技术要求的零件，是本章要解决的主要问题。通过学习本章，学生应能初步完成花键轴的工艺规程设计，如图 4-1 所示。

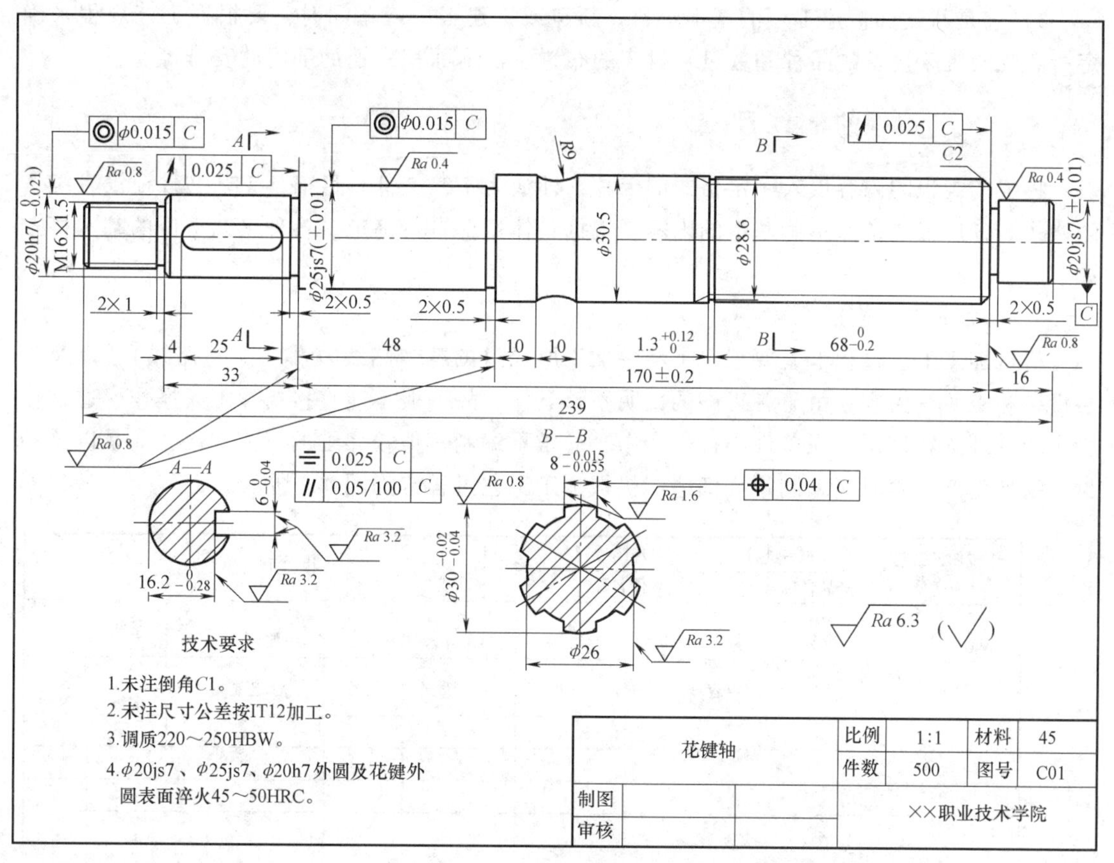

图 4-1　花键轴零件图

第一节　机械加工工艺规程概述

用表格的形式将机械加工工艺过程的内容书写出来，成为指导性技术文件，就是机械加工工艺规程（简称工艺规程）。它是在具体的生产条件下，以较合理的工艺过程和操作方法，并按规定的形式书写成工艺文件，经审批后用来指导生产的。其内容主要包括零件加工工序内容、切削用量、工时定额以及各工序所采用的设备和工艺装备等。

一、工艺规程的作用

工艺规程是机械制造厂最主要的技术文件之一，是工厂规章条例的重要组成部分。其具体作用如下。

1）它是指导生产的主要技术文件。工艺规程是最合理的工艺过程的表格化，是在工艺理论和实践经验的基础上制订的。工人只有按照工艺规程进行生产，才能保证产品质量和较高的生产率以及较好的经济效果。

2）它是组织和管理生产的基本依据。在产品投产前要根据工艺规程进行有关的技术准备和生产准备工作，如安排原材料的供应、通用工装设备的准备、专用工装设备的设计与制造、生产计划的编排、经济核算等工作。生产中对工人业务的考核也是以工艺规程为主要依据的。

3）它是新建和扩建工厂的基本资料。新建或扩建工厂或车间时，要根据工艺规程来确定所需要的机床设备的品种和数量、机床的布置、占地面积、辅助部门的安排等。

二、工艺规程的格式

将工艺规程的内容填入一定格式的卡片，即成为工艺文件。目前，工艺文件还没有统一的格式，各厂都是按照一些基本的内容，根据具体情况自行确定。各种工艺文件的基本格式如下。

1. 机械加工工艺过程卡

机械加工工艺过程卡主要列出了零件加工所经过的整个路线（称为工艺路线），以及工装设备和工时等内容。由于各工序的说明不够具体，故一般不能直接指导工人操作，通常作为生产管理资料使用。在单件小批生产中，通常不编制其他较详细的工艺文件，而是以这种卡片指导生产，这时应编制得详细些。机械加工工艺过程卡如图 4-2 所示。

	机械加工工艺过程卡	产品型号		零件图号		共 页 第 页			
		产品名称		零件名称					
	材料牌号		毛坯种类	毛坯外形尺寸	每毛坯可制件数		每台件数	备注	
	工序号	工序名称	工序内容	车间	工段	设备	工艺装备	工时	
								准终	单件
描图									
审核									
底图号									
装订号									
					设计(日期)	审核(日期)	标准化(日期)	会签(日期)	
标记	处数	更改文件号	签字	日期					

图 4-2　机械加工工艺过程卡

2. 机械加工工艺卡

机械加工工艺卡是以工序为单位，详细说明零件工艺过程的工艺文件。它用来指导工人操作，帮助管理人员及技术人员掌握零件加工过程，广泛用于批量生产的零件和小批生产的重要零件。机械加工工艺卡如图 4-3 所示。

<table>
<tr><td rowspan="2" colspan="3">工厂</td><td rowspan="2" colspan="2">机械加工
工艺卡</td><td>产品型号</td><td colspan="2"></td><td colspan="2">零(部)件图号</td><td colspan="3"></td><td colspan="2">共 页</td></tr>
<tr><td>产品名称</td><td colspan="2"></td><td colspan="2">零(部)件名称</td><td colspan="3"></td><td colspan="2">第 页</td></tr>
<tr><td colspan="2">材料牌号</td><td></td><td>毛坯
种类</td><td></td><td>毛坯外
形尺寸</td><td colspan="2"></td><td>每毛坯
件数</td><td colspan="2"></td><td>每台
件数</td><td></td><td colspan="2">备注</td></tr>
<tr><td rowspan="2">工序</td><td rowspan="2">装夹</td><td rowspan="2">工步</td><td rowspan="2">工序
内容</td><td rowspan="2">同时加工
零件数</td><td colspan="3">切削用量</td><td rowspan="2">设备
名称
编号</td><td colspan="3">工艺装配
名称及编号</td><td rowspan="2">技术
等级</td><td colspan="2">工时定额</td></tr>
<tr><td>背吃刀量/
mm</td><td>切削速度/
$(m\cdot min^{-1})$</td><td>进给量/
$(mm\cdot r^{-1})$</td><td>夹具</td><td>刀具</td><td>量具</td><td>单件</td><td>准终</td></tr>
<tr><td></td><td></td><td></td><td></td><td></td><td></td><td></td><td></td><td></td><td></td><td></td><td></td><td></td><td></td><td></td></tr>
<tr><td></td><td></td><td colspan="2"></td><td></td><td></td><td colspan="2">编制(日期)</td><td colspan="2">审核(日期)</td><td colspan="2">会签(日期)</td><td colspan="3"></td></tr>
<tr><td></td><td></td><td colspan="2"></td><td></td><td></td><td rowspan="2" colspan="2"></td><td rowspan="2" colspan="2"></td><td rowspan="2" colspan="2"></td><td rowspan="2" colspan="3"></td></tr>
<tr><td>标记</td><td>处数</td><td colspan="2">更改文件号</td><td>签字</td><td>日期</td></tr>
</table>

图 4-3　机械加工工艺卡

3. 机械加工工序卡

机械加工工序卡是用来具体指导工人操作的一种详细的工艺文件。在这种卡片上，要画出工序简图，注明该工序的加工表面及应达到的尺寸精度和表面粗糙度要求、工件的安装方式、切削用量、工装设备等内容。在大批大量生产时都要采用这种卡片。机械加工工序卡如图 4-4 所示。

三、制订工艺规程的原则

工艺规程的制订原则是：所制订的工艺规程，能在一定的生产条件下，以最快的速度、最少的劳动量和最低的费用，可靠地加工出符合要求的零件。同时，还应在充分利用本企业现有生产条件的基础上，尽可能采用国内外先进工艺技术和经验，并保证有良好的劳动条件。

工艺规程是直接指导生产和操作的重要文件，在编制时还应做到正确、完整、统一和清晰，所用术语、符号、计量单位和编号都要符合相应标准。

工厂	机械加工工序卡	产品型号		零件图号		共 页
		产品名称		零件名称		第 页

车间	工序号	工序名称	材料牌号
毛坯种类	毛坯外形尺寸	每件毛坯可制件数	每台件数
设备名称	设备型号	设备编号	同时加工件数

夹具编号	夹具名称	切削液	
工位器具编号	工位器具名称	工序工时	
		准终	单件

	工步号	工步内容	工艺装备	主轴转速/ $(r\cdot min^{-1})$	切削速度/ $(r\cdot min^{-1})$	进给量/ $(min\cdot r^{-1})$	背吃刀量/ mm	进给次数	工步工时 准终	工步工时 单件
描图										
描校										
底图号										
装订号										

					编制(日期)	审核(日期)	标准化(日期)	会签(日期)
标记	处数	更改文件号	签字	日期				

图 4-4　机械加工工序卡

四、制订工艺规程的原始资料

在制订工艺规程时，必须有下列原始资料。

1）产品的全套装配图和零件的工作图。

2）产品验收的质量标准。

3）产品的生产纲领。

4）产品零件毛坯生产条件及毛坯图等资料。

5）工厂现有生产条件。为了使制订的工艺规程切实可行，一定要结合现场的生产条件。因此要深入实际，了解加工设备和工艺装备的规格及性能、工人的技术水平以及专用设备及工艺装备的制造能力等。

6）国内外新技术新工艺及其发展前景。工艺规程的制订，既应符合生产实际，也不能墨守成规，要研究国内外有关先进的工艺技术资料，积极引进适用的先进工艺技术，不断提高工艺技术水平。

7）有关的工艺手册及图册。

五、制订工艺规程的步骤

1）分析零件图和产品装配图。

2）选择毛坯。

3）拟定工艺路线。

4）确定加工余量和工序尺寸。

5）确定切削用量和工时定额。

6）确定各工序的设备、工夹量具和辅助工具。

7）确定各工序的技术要求及检验方法。

8）填写工艺文件。

第二节　零件的工艺分析

零件图是制订工艺规程最基本的原始资料，因此应对零件的功用、结构特点、各表面的精度、表面粗糙度进行认真分析和研究。零件图工艺分析的主要内容是检查零件图、技术要求分析、结构工艺性分析。

一、检查零件图的完整性和正确性

在了解零件形状和结构之后，应检查零件视图是否正确、足够，表达是否直观、清楚，绘制是否符合国家标准，尺寸、公差以及技术要求的标注是否齐全、合理等。

二、零件的技术要求分析

零件图的技术要求包括以下几个方面。

1）加工表面的尺寸精度。

2）主要加工表面的形状精度。

3）主要加工表面之间的相互位置精度。

4）加工表面的表面粗糙度以及表面质量方面的其他要求。

5）热处理要求。

6）其他要求（如动平衡、未注圆角或倒角、去毛刺、毛坯要求等）。

【提示】 要注意分析这些要求在保证使用性能的前提下是否经济合理，在现有生产条件下能否实现。特别要分析主要表面的技术要求，因主要表面的加工确定了零件工艺过程的大致轮廓。

三、零件的结构工艺性

零件的结构工艺性是指所设计的零件在满足使用要求的前提下，制造的方便性、可行性和经济性。即零件的结构应方便于加工时工件的装夹、对刀、测量，可以提高切削效率等。结构工艺性不好会使加工困难，浪费材料和工时，有时甚至无法加工。所以应该对零件的结构进行工艺性审查，如发现零件结构不合理之处，应与有关设计人员一起分析，按规定手续对图样进行必要的修改及补充。

1. 审查各项技术要求

分析产品图样，熟悉该产品的用途、性能及工作状态，明确被加工零件在产品中的位置和作用，进而了解图样上各项技术要求制订的依据，以便在拟定工艺规程时采取适当的工艺措施。

例如，审查图 4-5 所示零件图样的完整性、技术要求的合理性以及材料选择是否合理，并提出改进意见。

如图 4-5a 所示的汽车板弹簧和弹簧吊耳内侧面的表面粗糙度，可由原设计的 $Ra3.2\mu m$ 改为 $Ra25\mu m$，这样就可在铣削加工时增大进给量，以提高生产率。又如图 4-5b 所示的方头销零件，其方头部分要求淬硬到 55～60HRC，其销轴 $\phi 8^{+0.010}_{+0.001}$mm 上有个 $\phi 2^{+0.01}_{0}$mm 的小孔，在装配时配做，材料为 T8A，小孔 $\phi 2^{+0.01}_{0}$mm 因是配做，不能预先加工，淬火时因零件太小势必全部被淬硬，造成 $\phi 2^{+0.01}_{0}$mm 孔很难加工。若将材料改为 20Cr，可局部渗碳，在小孔处镀铜保护，则零件加工就容易得多。

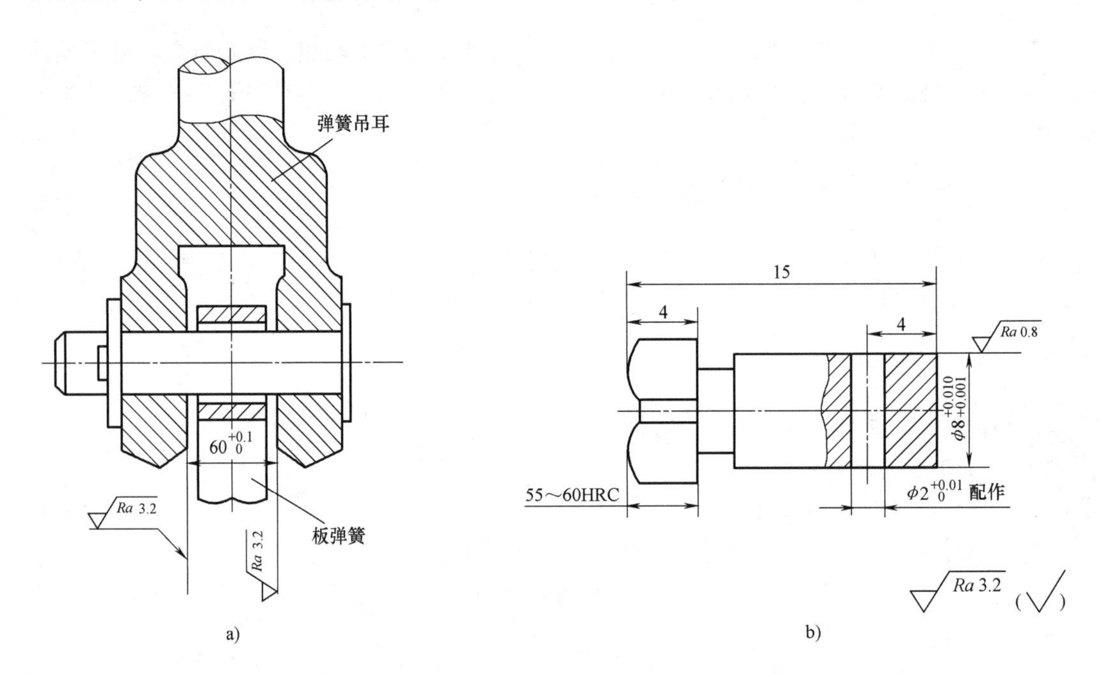

图 4-5　零件加工要求和零件材料选择不当的示例

2. 审查零件结构工艺性

所谓良好的工艺性，是指在保证产品使用要求前提下，零件加工时常采用生产率高、劳动量少、节省材料和生产成本低的方法制造出来。图 4-6 所示是零件局部构工艺性的示例。

3. 结构设计时应注意的几项原则

1）尽可能采用标准化参数，有利于采用标准刀具和量具。

2）要保证加工的可能性和方便性，加工面应有利于刀具的进入和退出。

3）加工表面形状应尽量简单，便于加工，并尽可能布置在同一表面或同一轴线上，以减少工件装夹、刀具调整及走刀次数。

4）零件结构应便于工件装夹，并有利于增强工件或刀具的刚度。

5）应尽可能减轻零件质量，减少加工表面面积，并尽量减少内表面加工。

6）零件的结构应与先进的加工工艺方法相适应。

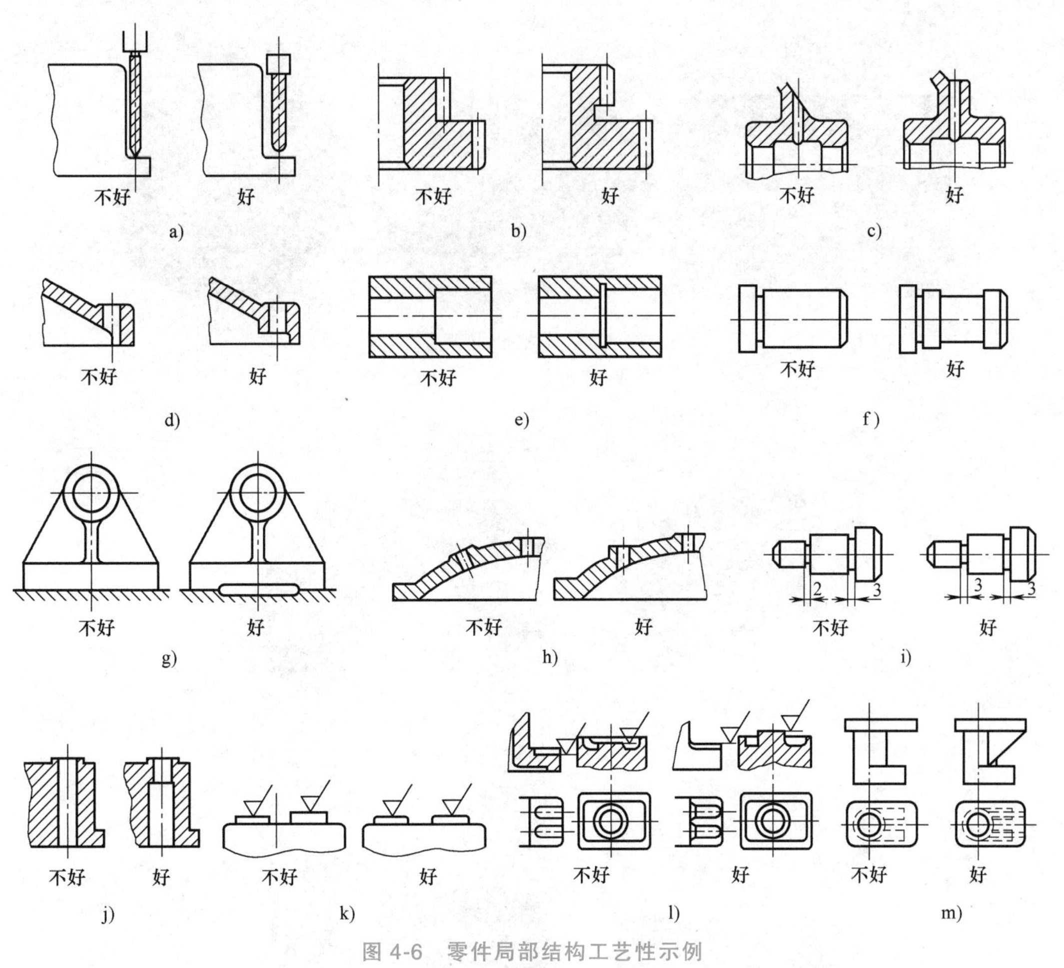

图 4-6　零件局部结构工艺性示例

第三节　毛坯的选用

一、毛坯的种类

1. 铸件

铸件适用于形状较复杂的零件毛坯。其铸造方法有砂型铸造、精密铸造、金属型铸造、压力铸造等。较常用的是砂型铸造。当毛坯精度要求低、生产批量较小时，采用木模手工造型法；当毛坯精度要求高、生产批量很大时，采用金属型机器造型法。铸件材料有铸铁、铸钢及铜、铝等。

（1）木模砂型手工造型　铸件重量不受限制，毛坯的尺寸精度低，加工余量大，生产效率低，多用于单件小批生产，如图 4-7 所示。

（2）金属模砂型机器造型　铸件最大重量可达 250kg，毛坯的尺寸精度高，加工余量小，生产效率高，多用于大批大量生产，如图 4-8 所示。

（3）金属型浇注法　铸件重量小于 100kg，毛坯的尺寸精度高，力学性能好，多用于大

图 4-7　木模砂型铸造

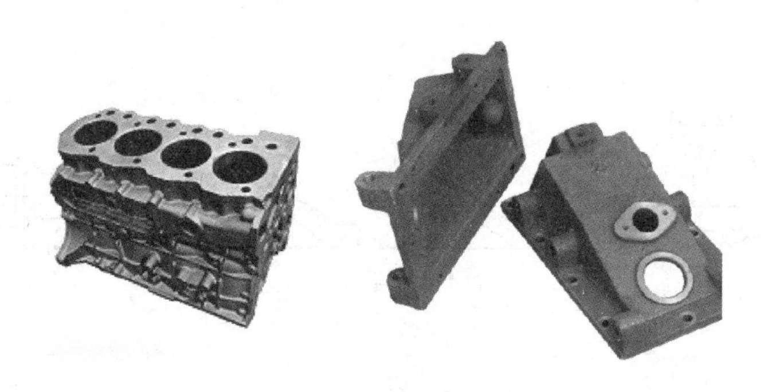

图 4-8　金属模砂型铸造

批大量生产，如图 4-9 所示。

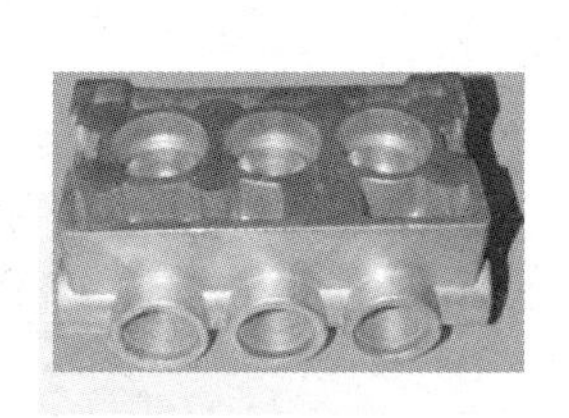

图 4-9　金属型铸造

（4）离心浇注法　铸件重量达 200kg，效率高，材料消耗低，多用于大批大量生产。

（5）熔模铸造　多用于形状复杂小型零件的毛坯，尺寸精度高，无需或仅需少许机械加工，生产周期长，成本高，如图 4-10 所示。

（6）压力铸造　采用专用设备把液态或半液态的金属压入金属型腔而成的毛坯，多用于外形复杂或薄壁的零件，如图 4-11 所示。

2. 锻件

锻件适用于强度要求高、形状比较简单的零件毛坯。其锻造方法有自由锻和模锻两种。

自由锻毛坯精度低、加工余量大、生产率低，适用于单件小批生产以及大型零件毛坯。模锻毛坯精度高、加工余量小、生产率高，但成本也高，适用于中小型零件毛坯的大批大量生产。

（1）自由锻　锻件的形状简单，尺寸精度低，加工余量大，如图 4-12 所示。

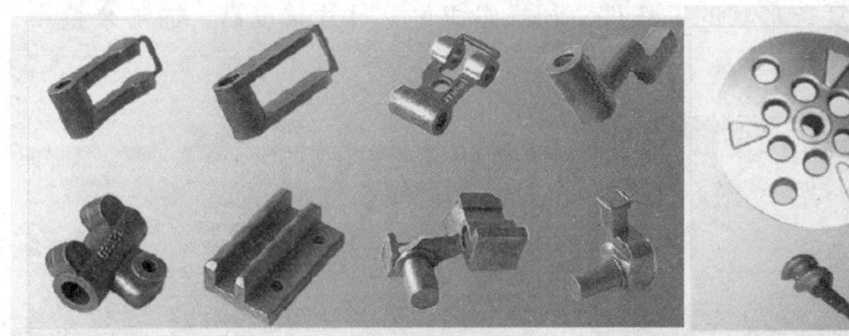

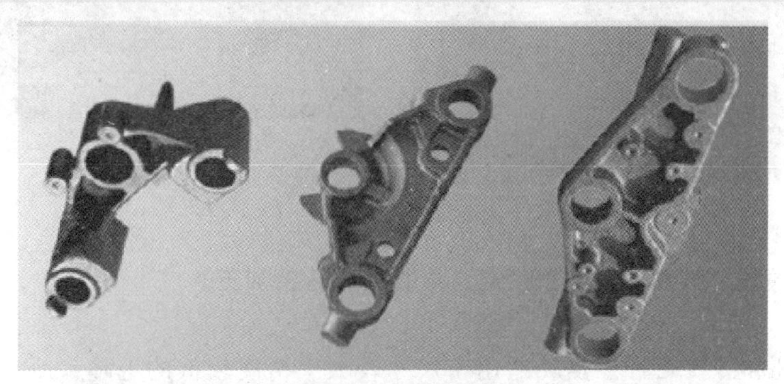

图 4-10　熔模铸造

图 4-11　压力铸造

图 4-12　自由锻

(2) 模锻　可锻出复杂形状的毛坯件，纤维组织好，尺寸精度高，加工余量小，如图 4-13 所示。

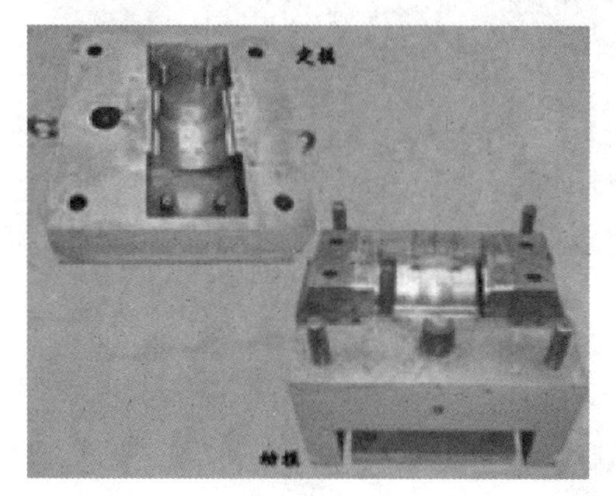

图 4-13　模锻

(3) 精密模锻　锻件的尺寸精度高，可直接进行精加工。

3. 型材

型材有热轧和冷拉两种。热轧适用于尺寸较大、精度较低的毛坯；冷拉适用于尺寸较小、精度较高的毛坯。如钢板、管材、圆钢等，便于实现自动上料，如图 4-14 所示。

图 4-14　型材

4. 焊接件

焊接件是根据需要将型材或钢板焊接而成的毛坯件，它简单方便，生产周期短。但需经时效处理后才能进行机械加工。

4-1　毛坯的种类

5. 冷冲压件

冷冲压件毛坯可以非常接近成品要求，在小型机械、仪表、轻工电子产品方面应用广泛。但因冲压模具昂贵而仅用于大批大量生产，如图 4-15 所示。

二、毛坯的选用

毛坯类型的选择同毛坯材料是密切相关的，所以选用毛坯的原则也是应在满足使用要求的前提下努力降低生产成本和提高生产效率。

满足零件的使用要求。机械装置中各零件的功能不同，其使用要求也会有很大的差异。零件的使用要求包括零件形状、尺寸、加工精度和表面粗糙度等的外部质量要求，以及具体工作条件下对零件成分、组织、性能的内部质量要求。

图 4-15　冷冲压件

降低生产成本。一个零件的制造成本包括本身的材料费、消耗的燃料和动力费、工资、设备和设备的折旧费，以及其他辅助费用分摊到该零件的份额。选择毛坯时，可在保证零件使用性能的前提下，把可供选择的方案从经济上进行分析比较，从中选择出成本最低的最佳方案。

结合具体生产条件。选定毛坯制造方法时，首先应分析本企业的设备条件和技术水平，实施切实可行的生产方案。

三、毛坯选用时的注意事项

在选择毛坯时应考虑下列一些因素。

1. 零件的材料及力学性能要求

材料的工艺特性，决定了其毛坯的制造方法，当零件的材料选定后，毛坯的类型就大致确定了。例如，材料为灰铸铁的零件必用铸造毛坯；对于重要的钢质零件，为获得良好的力学性能，应选用锻件，在形状较简单及力学性能要求不太高时，可用型材毛坯；有色金属零件常用型材或铸造毛坯。

2. 零件的结构形状与大小

大型且结构较简单的零件毛坯多用砂型铸造或自由锻；结构复杂的毛坯多用铸造；小型零件可用模锻件或压力铸造毛坯；板状钢质零件多用锻件毛坯；轴类零件的毛坯，如直径和台阶相差不大，可用棒料；如各台阶尺寸相差较大，则宜选择锻件。

3. 生产纲领

当零件的生产批量较大时，应选用精度和生产率均较高的毛坯制造方法，如模锻、金属型机器造型铸造和精密铸造等。当单件小批生产时，则应选用木模手工造型铸造或自由锻造。

4. 现有生产条件

确定毛坯时，必须结合具体的生产条件，如现场毛坯制造的实际水平和能力、外协的可能性等。

5. 充分利用新工艺、新材料

为节约材料和能源，提高机械加工生产率，应充分考虑精锻、冷轧、冷挤压、粉末冶金和工程塑料等在机械中的应用，这样，可大大减少机械加工量，甚至不需要进行加工，大大提高经济效益。

第四节　工艺路线的拟订

一、加工方法和加工方案的选择

1. 加工经济精度和加工经济表面粗糙度

一种加工方法能够保证的加工精度有一个相当大的范围，但如果要求它保证的加工精度过高，需要采取的一些特殊的工艺措施，加工成本随之加大。一种加工方法的加工经济精度是指在正常加工条件下（采用符合质量标准的设备、工艺装备和标准技术等级的工人，不延长加工时间）所能保证的加工精度。各种加工方法达到的加工经济精度和加工经济表面粗糙度可查阅各种金属切削加工工艺手册。

2. 典型表面的加工路线

机械零件是由一些简单的几何表面（如外圆柱、孔、平面等）组合而成的，因此零件的工艺路线就是这些表面加工路线的恰当组合，表 4-1、表 4-2 和表 4-3 分别是外圆柱面、孔、平面的典型加工路线，供选用时参考。

表 4-1　外圆柱面的加工路线

序号	加工方法	公差等级	表面粗糙度 Ra 值/μm	适用范围
1	粗车	IT11 ~ IT13	50 ~ 12.5	适用于淬火钢以外的各种金属
2	粗车-半精车	IT8 ~ IT10	6.3 ~ 3.2	
3	粗车-半精车-精车	IT7 ~ IT8	1.6 ~ 0.8	
4	粗车-半精车-精车-滚压(或抛光)	IT7 ~ IT8	0.2 ~ 0.025	
5	粗车-半精车-磨削	IT7 ~ IT8	0.8 ~ 0.4	主要用于淬火钢，也可以用于未淬火钢，不宜加工有色金属
6	粗车-半精车-粗磨-精磨	IT6 ~ IT7	0.4 ~ 0.1	
7	粗车-半精车-粗磨-精磨-超精加工	IT5	0.1 ~ 0.012	
8	粗车-半精车-精车-精细车	IT6 ~ IT7	0.4 ~ 0.025	主要用于精度高的有色金属加工
9	粗车-半精车-粗磨-精磨-超精磨	IT5	0.025 ~ 0.006	极高精度的外圆加工
10	粗车-半精车-粗磨-精磨-研磨	IT5	0.1 ~ 0.006	

表 4-2　孔的加工路线

序号	加工方法	公差等级	表面粗糙度 Ra 值/μm	适用范围
1	钻	IT11 ~ IT13	12.5	加工未淬火钢及铸铁。也可用于加工有色金属。孔径小于 $\phi15 \sim \phi20$mm
2	钻-铰	IT8 ~ IT10	6.3 ~ 1.6	
3	钻-粗铰-精铰	IT7 ~ IT8	1.6 ~ 0.8	

（续）

序号	加工方法	公差等级	表面粗糙度 Ra 值/μm	适用范围
4	钻-扩	IT10~IT11	12.5~6.3	加工未淬火钢及铸铁。也可用于加工有色金属。孔径大于 ϕ15~ϕ20mm
5	钻-扩-铰	IT8~IT9	3.2~1.6	
6	钻-扩-粗铰-精铰	IT7	1.6~0.8	
7	钻-扩-机铰-手铰	IT6~IT7	0.4~0.2	
8	钻-扩-拉	IT7~IT9	0.6~0.1	大批大量生产
9	粗镗(或扩)	IT11~IT13	12.5~6.3	除淬火钢外的各种材料
10	粗镗(粗扩)-半精镗(精扩)	IT9~IT10	3.2~1.6	
11	粗镗(粗扩)-半精镗(精扩)-精镗(铰)	IT7~IT8	1.6~0.8	
12	粗镗(粗扩)-半精镗(精扩)-精镗-浮动镗刀镗孔	IT6~IT7	0.8~0.4	
13	粗镗(扩)-半精镗-磨	IT7~IT8	0.8~0.2	主要用于淬火钢,也可用于未淬火钢,不宜用于有色金属
14	粗镗(扩)-半精镗-粗磨-精磨	IT6~IT7	0.2~0.1	
15	粗镗-半精镗-精镗-精细镗	IT6~IT7	0.4~0.05	主要用于高精度有色金属加工
16	粗镗-半精镗-精镗-珩磨	IT6~IT7	0.2~0.025	用于加工精度很高的孔
17	以研磨代替上述方法的珩磨	IT5~IT6	0.1~0.006	

表 4-3　平面的加工路线

序号	加工方法	公差等级	表面粗糙度 Ra 值/μm	适用范围
1	粗车	IT11~IT13	50~12.5	端面
2	粗车-半精车	IT8~IT10	6.3~3.2	
3	粗车-半精车-精车	IT7~IT8	1.6~0.8	
4	粗车-半精车-磨削	IT6~IT8	0.8~0.2	
5	粗刨(或粗铣)	IT11~IT13	25~6.3	一般不淬硬平面(端铣表面粗糙度 Ra 值较小)
6	粗刨(或粗铣)-精刨(或精铣)	IT8~IT10	6.3~1.6	
7	粗刨(或粗铣)-精刨(或精铣)-刮研	IT6~IT7	0.8~0.1	精度高的不淬硬平面
8	以宽刃刨刀精刨代替上述刮研	IT7	0.8~0.2	
9	粗刨(或粗铣)-精刨(或精铣)-磨削	IT7	0.8~0.2	精度高的淬硬平面或不淬硬平面
10	粗刨(或粗铣)-精刨(或精铣)-粗磨-精磨	IT6~IT7	0.4~0.025	
11	粗铣-拉	IT7~IT9	0.8~0.2	大量生产,较小平面
12	粗铣-精铣-磨削-研磨	IT5 以上	0.1~0.006	高精度平面

二、加工顺序的安排

1. 切削工序的安排

在选定零件各表面加工方法和加工时的定位基准之后，要把对零件的加工分散到各工序中去完成，确定工艺路线中各切削工序的内容和工序的顺序，这时须考虑下述两个问题。

(1) 加工阶段的划分　在加工较高精度的工件时，如工序数较多，可把工件各表面的粗加工工序集中起来，安排工序顺序时，首先加工，称为粗加工阶段；然后集中进行各表面的半精加工工序，称为半精加工阶段；最后集中完成各表面的精加工工序，称为精加工阶段。即把工艺路线分成几个加工阶段，各加工阶段的作用如下。

1）粗加工阶段。高效率地去除各加工表面上的大部分余量，并为半精加工提供精度准备和表面粗糙度的准备。粗加工阶段所能达到的精度较低，表面粗糙度大，要求粗加工中能够有高的生产率。

2）半精加工阶段。目的是消除主要表面上经粗加工后留下的加工误差，使其达到一定的精度，为进一步精加工做准备，同时完成一些次要表面的加工。

3）精加工阶段。该阶段中的加工余量和切削用量都很小，其主要任务是保证工件的主要表面的尺寸、形状、位置精度和表面粗糙度。

4）光整加工阶段。包括珩磨、超精加工、镜面磨削等光整加工方法，其加工余量极小，主要目的是进一步提高尺寸精度和减小表面粗糙度值，一般不能用于纠正位置误差。

划分加工阶段的原因如下。

1）保证加工质量。

2）合理使用机床设备。

3）粗加工阶段可及时发现毛坯缺陷。

4）便于安排热处理工序。

将工艺路线划分为几个加工阶段，会增加工序数目，从而增加加工成本。因此在工件刚度高，工艺路线不划分阶段也能够保证加工精度的情况下，就不应该划分加工阶段，即在一个工序内连续完成某一表面的粗、半精和精加工工步。例如重型零件的加工中，为减少工件的运输和装夹，常在一次装夹中完成某些表面的加工。数控加工中因其设备的刚度高、功率大、精度高，常不划分加工阶段，通常加工中心就是在一次装夹下完成工件多个表面的粗加工、半精加工和精加工工步，达到零件的设计尺寸要求。

(2) 加工顺序的安排原则　机械加工顺序应该遵循下述原则。

1）先加工基准面，后加工其他面。即先用粗基准定位加工精基准表面，为其他表面的加工提供可靠的定位基准，然后再用精基准定位加工其他表面。

2）先加工平面后加工孔。箱体零件一般先以主要孔为粗基准加工平面，再以平面为精基准加工孔系。

3）先安排粗加工工序，后安排精加工工序。

4）先加工主要表面，后加工次要表面。零件的主要表面是加工精度和表面质量要求高的表面，它的工序较多，其加工质量对零件质量影响大，因此先加工。

2. 工序的组合

在一个工序中安排多个工步。所以在确定加工顺序后，还要把工步序列进行适当组合，以形成以工序为单位的工艺过程。在工序的组合中，主要要考虑以下两个方面。

(1) 确定工序内容　确定一个工序所包括的若干工步，需要考虑这几个工步是否能在同一机床上加工；是否需要在一次安装中加工，以保证相互位置精度。几个工步能在同一机床完成是它们能被组合成一个工序的先决条件。此外，零件的一组表面在一次安装中加工，可以保证这些表面间的相互位置精度。所以对于有较高位置精度要求的一组表面，应安排在一个工序内加工。

（2）工序的集中与分散　如何确定零件工艺过程中的工序数目，就是工序的集中与分散问题。如果一个零件的加工集中在少数工序内完成，每道工序加工内容多，称为工序集中。反之，称为工序分散。

工序集中使得工艺路线短，减少了工件的装夹次数，既可提高生产率，又有利于保证加工表面的位置精度，降低生产成本。工序分散便于采用简单的加工设备和工艺装备，加工调整容易，可采用最合理的切削用量，便于划分加工阶段。

3. 热处理工序的安排

热处理的作用提高材料的力学性能，消除残余内应力，改善金属的加工性能。按热处理的目的不同，可分为预备热处理、时效处理和最终热处理。

（1）预备热处理　其处理工艺有退火、正火、调质。其目的是改善材料的切削性能，消除毛坯制造时产生的内应力。退火和正火通常安排在粗加工之前，调质安排在粗加工之后、半精加工之前进行。由于调质使得材料的综合力学性能较好，对于某些硬度和耐磨性要求不高的零件，也可以作为最终热处理工序。

（2）时效处理　分为人工时效和自然时效两种，目的都是为了消除毛坯制造和机械加工中产生的内应力，一般安排在粗加工之后，可同时消除铸造和粗加工所产生的内应力。有时为减少运输工作量，也可放在粗加工之前进行。精度要求高的零件，应该在半精加工后安排第二次甚至多次时效。

（3）最终热处理　包括淬火、渗碳淬火、渗氮等。常安排在半精加工之后，磨削加工之前进行，其目的是提高材料的硬度、耐磨性和强度等力学性能。

4. 辅助工序的安排

辅助工序包括去毛刺、倒棱、清洗、防锈、检验等工序。其中检验工序是保证产品质量的有效措施之一，检验工序一般可安排在：关键工序前后；零件从一个车间转到另一个车间加工前后；粗加工阶段结束后；零件全部加工完毕后。应该注意的是某一工序后面不再有去毛刺工序时，本工序产生的毛刺应由本工序去除。

第五节　加工余量的确定

一、加工余量的基本概念

加工余量是指加工时从加工表面上切去的金属层厚度。加工余量可分为工序余量和总余量。

1. 工序余量

工序余量是指某一表面在一道工序中被切除的金属层厚度。

（1）工序余量的计算　工序余量等于前后两道工序尺寸之差。

对于外表面（图 4-16a）　　$Z=a-b$

对于内表面（图 4-16b）　　$Z=b-a$

式中　Z——本工序的工序余量；

a——前工序的工序尺寸；

b——本工序的工序尺寸。

上述加工余量均是非对称的单边余量，旋转表面的加工余量是对称的双边余量。

对于轴（图 4-16c） $Z=d_a-d_b$

对于孔（图 4-16d） $Z=d_b-d_a$

式中 Z——直径上的加工余量；

d_a——前工序加工直径；

d_b——本工序加工直径。

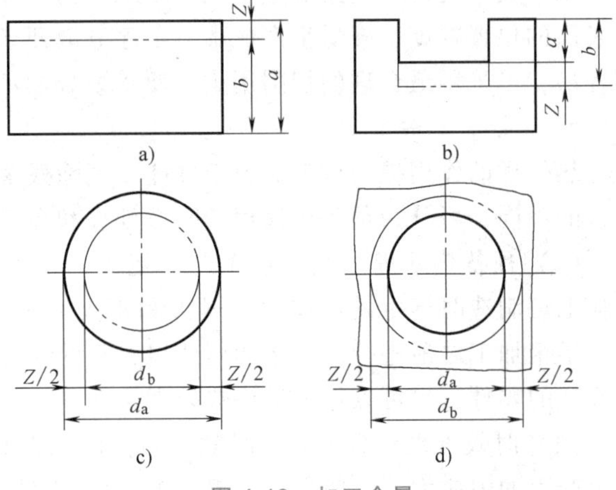

图 4-16 加工余量

当加工某个表面的工序是分几个工步时，则相邻两工步尺寸之差就是工步余量。它是某工步在表面上切除的金属层厚度。

（2）工序公称余量、最大余量、最小余量及余量公差 由于毛坯制造和各个工序尺寸都存在着误差，因此，加工余量也是个变动值。当工序尺寸用公称尺寸计算时，所得的加工余量称为公称余量。

最小余量（Z_{min}）是保证该工序加工表面的精度和质量所需切除的金属层最小厚度。最大余量（Z_{max}）是该工序余量的最大值。下面以图 4-17 所示的外表面为例来计算，其他各类表面的情况与此相类似。

当尺寸 a、b 均等于工序公称尺寸时，公称余量为

$$Z=a-b$$

则最小余量

$$Z_{min}=a_{min}-b_{max}$$

而最大余量

$$Z_{max}=a_{max}-b_{min}$$

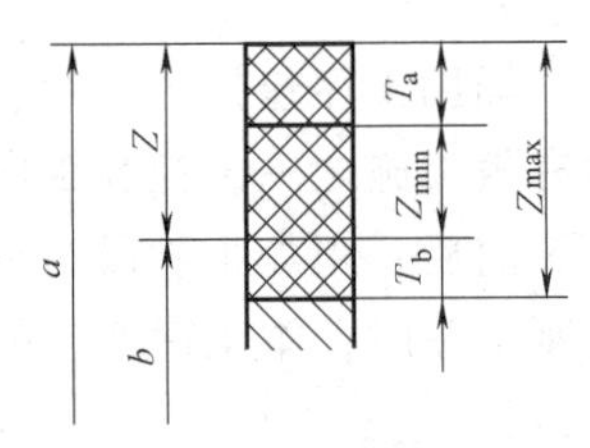

图 4-17 工序余量与工序尺寸及其公差的关系

图 4-17 所示为工序尺寸及其公差与加工余量间的关系。

从图中看出，工序余量和工序尺寸公差的关系式

$$Z_{max}=Z+T_b=Z_{min}+T_a+T_b$$

式中 T_a——前工序的工序尺寸公差；

T_b——本工序的工序尺寸公差。

余量公差是加工余量的变动范围，其值为

$$T_z=Z_{max}-Z_{min}=(a_{max}-a_{min})+(b_{max}-b_{min})=T_a+T_b$$

式中 T_z——本工序余量公差；

T_a——前工序的工序尺寸公差；

T_b——本工序的工序尺寸公差。

所以，余量公差等于前工序与本工序的工序尺寸公差之和。

工序尺寸公差带的布置，一般都采用“单向、入体”原则。即对于被包容面（轴类），

公差都标成下极限偏差，取上极限偏差为零，工序公称尺寸即为最大工序尺寸；对于包容面（孔类），公差都标成上极限偏差，取下极限偏差为零。但是，孔中心距尺寸和毛坯尺寸的公差带一般都按双向对称布置。

2. 总加工余量

总加工余量是指零件从毛坯变为成品时从某一表面所切除的金属层总厚度。其值等于某一表面的毛坯尺寸与零件设计尺寸之差，也等于该表面各工序余量之和。即

$$Z_{总} = \sum_{i=1}^{n} Z_i$$

式中　Z_i——第 i 道工序的工序余量；

n——该表面总共加工的工序数。

总加工余量也是个变动值，其值及公差一般是从有关手册中查得或凭经验确定。

图 4-18 所示为内孔和外圆面多次加工时，总加工余量、工序余量与加工尺寸的分布图。

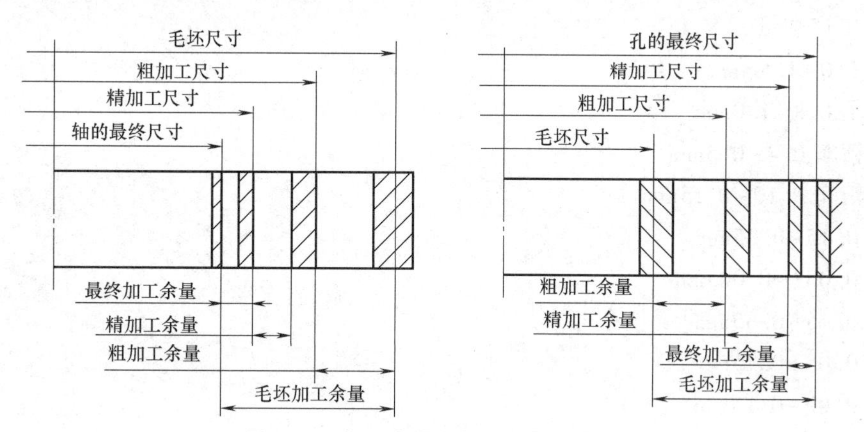

图 4-18　加工余量和加工尺寸分布图

二、影响加工余量的因素

加工余量的大小，应保证本工序切除的金属层去掉上工序加工造成的缺陷和误差，获得一个新的加工表面。影响加工余量的因素有如下几项。

1）前工序的表面质量，包括表面结构参数 Ra 和表面缺陷层 Ha。表面缺陷层指毛坯制造中产生的冷硬层、气孔夹渣层、氧化层、脱碳层、切削中的表面残余应力层、表面裂纹、组织过度塑性变形层及其他破坏层，加工中必须予以去除才能保证表面质量不断提高。

2）前工序的尺寸公差 δ_a。前工序的尺寸公差已经包括在本工序的公称余量之内，有些几何误差也包括在前工序的尺寸公差之内，均应在本工序中切除。

3）前工序加工表面的几何误差 ρ_a，包括轴线直线度误差、位置度误差、同轴度误差等。

4）本工序的安装误差 ε_b，包括定位误差、夹紧误差和夹具误差等。

三、加工余量的确定方法

加工余量的大小，直接影响零件的加工质量和生产率。加工余量过大，不仅增加机械加

工的劳动量，降低生产率，而且增加材料、工具和电力的消耗，增加成本。但是，加工余量过小，又不能消除前工序的各种误差和表面缺陷，甚至会产生废品。因此，必须合理地确定加工余量。

1. 经验估计法

经验估计法即根据工艺人员的经验来确定加工余量。为避免因余量过小而产生废品，所确定的加工余量一般偏大。常用于单件小批生产。

单件小批生产中，加工中小型零件，其单边余量参考数据如下。

(1) 总加工余量

(手工造型) 铸件 3.5~7.0mm

自由锻件 2.5~7.0mm

模锻件 1.5~3.0mm

圆钢料 1.5~2.5mm

(2) 工序余量

粗车 1.0~1.5mm

半精车 0.8~1.0mm

高速精车 0.4~0.5mm

低速精车 0.10~0.15mm

磨削 0.15~0.25mm

研磨 0.002~0.005mm

粗铰 0.15~0.35mm

精铰 0.05~0.15mm

珩磨 0.02~0.15mm

2. 查表修正法

查表修正法是根据各工厂的生产实践和试验研究积累的数据，先制订成各种表格，再汇集成手册。确定加工余量时，查阅这些手册，查得加工余量的数值，然后根据实际情况进行适当修正。这是一种广泛采用的方法。

3. 分析计算法

分析计算法是对影响加工余量的各种因素进行分析，然后根据一定的计算关系式（如前所述公式）来计算加工余量的方法。此法确定的加工余量较合理，但需要全面的试验资料，计算也较复杂，故很少采用。

第六节 工序尺寸及其公差的确定

一、工序尺寸及其公差的确定方法

1. 基准重合时工序尺寸及其公差的计算

工序尺寸是某工序加工应达到的尺寸。显然，零件某表面经最后一道工序加工后，应该达到其设计要求，所以零件某表面最后一道工序的工序尺寸及公差应为零件上该表面的设计尺寸和公差。而中间工序的工序尺寸需要由计算确定。

当加工某表面的各道工序都采用同一个定位基准，并与设计基准重合时，工序尺寸计算只需考虑工序余量。运算步骤如下。

1）定各工序余量数值。

2）最后一道工序的工序尺寸等于零件图样上设计尺寸，并由最后工序向前逐道工序推算出各工序的工序尺寸。

3）后一道工序的工序尺寸公差等于零件图样上设计尺寸公差，中间工序尺寸公差取加工经济精度。各工序应该达到的表面粗糙度以相同方法确定。

4）各工序尺寸的上、下极限偏差按“入体原则”确定。即对于孔，下极限偏差取零，上极限偏差取正值；对于轴，上极限偏差取零，下极限偏差取负值。

现以查表法确定余量以及各加工方法的经济精度和相应公差值。例如某零件孔的设计要求为 ϕ100JS6，表面粗糙度值 Ra0.8μm，毛坯材料为 HT200，其加工工艺路线为毛坯-粗镗-半精镗-精镗-浮动镗。毛坯总加工余量与其公差、工序余量以及工序的经济精度和公差值见表 4-4。

4-2　工序尺寸及其公差的确定方法

其确定工序尺寸及公差的方法如下。

解：

1）通过查表或凭经验确定各工序的工序余量、毛坯总余量与其公差。

2）根据各种加工方法的经济精度确定各工序的公差值。

3）最后由后工序向前工序逐个计算工序公称尺寸，见表 4-4。

表 4-4　主轴孔各工序的工序尺寸及其公差的计算实例

工序名称	工序余量/mm	工序的经济精度/mm	工序公称尺寸/mm	工序尺寸及公差/mm	表面粗糙度 Ra/μm
浮动镗	0.1	JS6(±0.011)	100	ϕ100±0.011	Ra0.8
精镗	0.5	H7($^{+0.035}_{0}$)	100−0.1=99.9	$\phi99.9^{+0.035}_{0}$	Ra1.6
半精镗	2.4	H10($^{+0.14}_{0}$)	99.9−0.5=99.4	$\phi99.4^{+0.14}_{0}$	Ra3.2
粗镗	5	H13($^{+0.44}_{0}$)	99.4−2.4=97.0	$\phi97^{+0.44}_{0}$	Ra6.4
毛坯孔	8	±1.3	97.0−5=92.0	ϕ92±1.3	

2. 基准不重合时，工序尺寸及其公差的计算

在加工零件时多次转换工艺基准，会引起测量基准、定位基准或工序基准与设计基准不重合，这时需要利用工艺尺寸链原理来进行工序尺寸及其公差的计算。

二、工艺尺寸链的计算

4-3　工艺尺寸链

1. 工艺尺寸链的定义

尺寸链是由相互联系且按一定顺序排列的封闭的尺寸组成。工艺尺寸链是在零件加工过程中各种有关工艺尺寸所组成的尺寸链。如图 4-19a 所示，零件图样中已标注了 A_0、A_1 尺寸，当上、下表面加工完后，欲使用 1 面定位加工 3 面时，需要给出工序尺寸 A_2，以便按尺寸 A_2 对刀，A_2 尺寸与零件图中标注的 A_0、A_1 尺寸相互关联，形成了尺寸链，如图 4-19b 所示。

2. 尺寸链的组成

列入尺寸链中的每一尺寸，如图 4-19b 中的 A_0、A_1、A_2 称为尺寸链的环。环可分为两

种，即封闭环和组成环。

封闭环是在零件加工或装配过程中自然形成的一环。即封闭环是在加工过程中间接得到的尺寸，记作 A_0。如图 4-19b 中的 A_0 环。

尺寸链中除封闭环以外的各环都称为组成环，组成环是在加工过程中直接获得的尺寸。按组成环对封闭环的影响性质，组成环分为增环和减环。在一个尺寸链中，组成环的其余环不变，该环增大使封闭环也增大的环，称为增环，记为 $\overrightarrow{A}$，如图 4-19b 中的尺寸 A_1，记为 $\overrightarrow{A}_1$；反之，组成环的其余环不变，该环增大使封闭环减小的环，称为减环，记为 $\overleftarrow{A}$，如图 4-19b 中的尺寸 A_2，记为 $\overleftarrow{A}_2$。

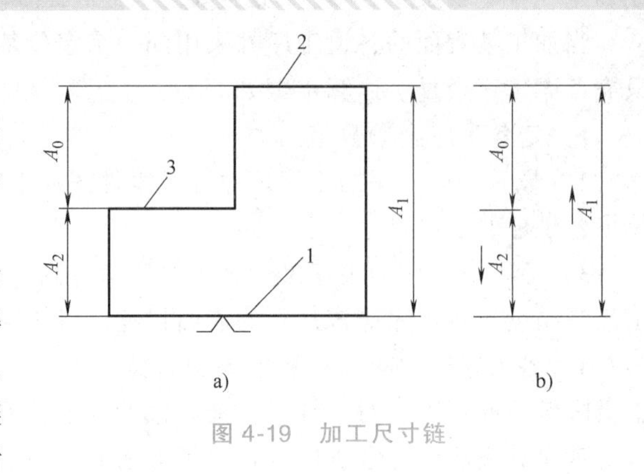

图 4-19　加工尺寸链

【提示】 对于环数较多的尺寸链，用定义判断增、减环易出错，为能快速判断增、减环，可以在绘制尺寸链图时，用首尾相接的单箭头顺序表示各环，在组成环当中，与封闭环箭头方向相同的环为减环，与封闭环箭头方向相反的环为增环。

3. 极值法解尺寸链的基本计算公式

工艺尺寸链的计算是指计算封闭环与组成环的公称尺寸、公差及极限偏差之间的关系，其方法有极值法和概率法两种。表 4-5 是极值法计算公式。

(1) 封闭环的公称尺寸　封闭环的公称尺寸等于所有增环公称尺寸之和减去所有减环公称尺寸之和。

(2) 封闭环的极限尺寸　封闭环的上极限尺寸等于所有增环上极限尺寸之和，减去所有减环下极限尺寸之和；而封闭环的下极限尺寸等于所有增环下极限尺寸之和，减去所有减环上极限尺寸之和。

(3) 封闭环的极限偏差　封闭环的上极限偏差等于所有增环上极限偏差之和，减去所有减环下极限偏差之和；封闭环的下极限偏差等于所有增环下极限偏差之和，减去所有减环上极限偏差之和。

(4) 封闭环的公差　封闭环的公差等于各组成环的公差和。

表 4-5　极值法计算公式

名称	公式	含义
封闭环的公称尺寸	$A_0 = \sum_{i=1}^{m} \overrightarrow{A}_i - \sum_{j=m+1}^{n-1} \overleftarrow{A}_j$	A_0 是封闭环公称尺寸；$\overrightarrow{A}_i$ 是增环的公称尺寸；$\overleftarrow{A}_j$ 是减环的公称尺寸
封闭环的极限尺寸	$A_{0\max} = \sum_{i=1}^{m} \overrightarrow{A}_{i\max} - \sum_{j=m-1}^{n-1} \overleftarrow{A}_{j\min}$ $A_{0\min} = \sum_{i=1}^{m} \overrightarrow{A}_{i\min} - \sum_{j=m-1}^{n-1} \overleftarrow{A}_{j\max}$	$A_{0\max}$ 是封闭环的上极限尺寸；$A_{0\min}$ 是封闭环的下极限尺寸；$\overrightarrow{A}_{i\max}$ 是增环的上极限尺寸；$\overleftarrow{A}_{j\min}$ 是减环的下极限尺寸；$\overrightarrow{A}_{i\min}$ 是增环的下极限尺寸；$\overleftarrow{A}_{j\max}$ 是减环的上极限尺寸

（续）

名称	公式	含义
封闭环的极限偏差	$ES_{A0}=\sum_{i=1}^{m}ES_{\overrightarrow{A}_i}-\sum_{j=m+1}^{n-1}EI_{\overleftarrow{A}_j}$ $EI_{A0}=\sum_{i=1}^{m}EI_{\overrightarrow{A}_i}-\sum_{j=m+1}^{n-1}ES_{\overleftarrow{A}_j}$	ES_{A0}是封闭环的上极限偏差；EI_{A0}是封闭环的下极限偏差； $ES_{\overrightarrow{A}_i}$是增环的上极限偏差；$EI_{\overleftarrow{A}_j}$是减环的下极限偏差； $EI_{\overrightarrow{A}_i}$是增环的下极限偏差；$ES_{\overleftarrow{A}_j}$是减环的上极限偏差
封闭环的公差	$T_{A0}-ES_{A0}-EI_{A0}=\sum_{i=1}^{n-1}T_i$	T_{A0}是封闭环的公差

4. 工艺尺寸链的应用和解算方法

（1）定位基准与设计基准不重合时的工序尺寸计算

【例 4-1】 如图 4-20a 所示零件，以 B 面定位，加工表面 A，保证尺寸 $10^{+0.2}_{0}$mm，试画出尺寸链并求出工序尺寸 L 及公差。

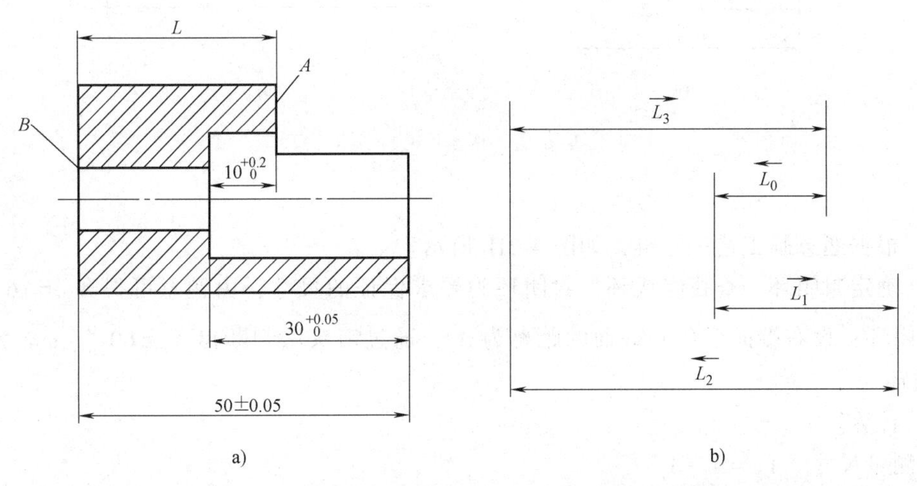

图 4-20　定位基准与设计基准不重合的尺寸链换算

解：

1）根据题意画工艺尺寸链，如图 4-20b 所示。

2）确定封闭环，查找组成环：封闭环为要求保证的尺寸，由题意可得 $L_0=10^{+0.20}_{0}$mm 即为封闭环；设要求的工序尺寸为 L_3，通过箭头法判断出 $L_1=30^{+0.05}_{0}$mm、L_3 为增环，$L_2=50\pm0.05$mm 为减环。

3）计算。

求公称尺寸　$L_0=L_1+L_3-L_2$

$10\text{mm}=30\text{mm}+L_3-50\text{mm}$

$L_3=30\text{mm}$

确定上极限偏差　$ES_0=ES_1+ES_3-EI_2$

$0.2\text{mm}=0.05\text{mm}+ES_3-(-0.05\text{mm})$

$ES_3=0.1\text{mm}$

确定下极限偏差 $EI_0=EI_1+EI_3-ES_2$

$0mm=0mm+EI_3-0.05mm$

$EI_3=0.05mm$

确定公差 $T_3=ES_3-EI_3=0.05mm$

所以工序尺寸为 $30^{+0.10}_{+0.05}$ mm，公差为 0.05mm。

(2) 测量基准与设计基准不重合时的工序尺寸计算

【例 4-2】 如图 4-21a 所示套筒零件，两端已加工完毕，加工孔底面 C 时，要保证尺寸 $16^{\ 0}_{-0.35}$mm，因该尺寸不便测量，试标出测量尺寸。

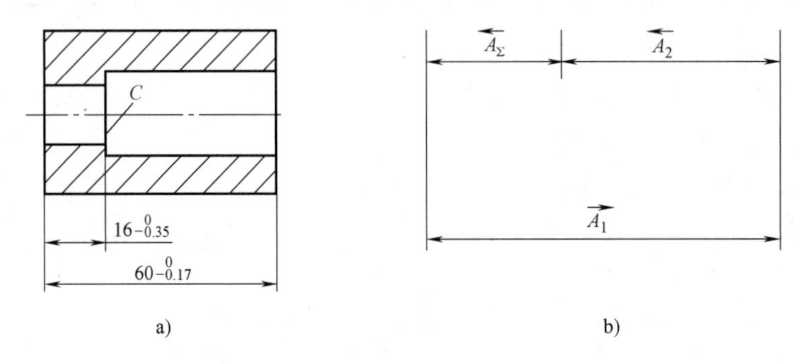

图 4-21 测量尺寸的换算

解：

1) 根据题意画工艺尺寸链，如图 4-21b 所示。

2) 确定封闭环，查找组成环。封闭环为要求保证的尺寸，由题意可得 $A_\Sigma=16^{\ 0}_{-0.35}$mm 即为封闭环；设右端面至孔 C 底面的距离为 A_2，通过箭头法判断出 $A_1=60^{\ 0}_{-0.17}$mm 为增环，A_2 为减环。

3) 计算。

求测量尺寸 $A_\Sigma=A_1-A_2$

$16mm=60mm-A_2$

$A_2=44mm$

确定上极限偏差 $ES_\Sigma=ES_1-EI_2$

$0mm=0mm-EI_2$

$EI_2=0mm$

确定下极限偏差 $EI_\Sigma=EI_1-ES_2$

$-0.35mm=-0.17mm-ES_2$

$ES_2=0.18mm$

所以新测量尺寸 $A_2=44^{+0.18}_{\ 0}$mm。

(3) 从尚需继续加工的表面上标注的工序尺寸计算

【例 4-3】 图 4-22a 所示为带键槽的内孔，设计尺寸是 $\phi40^{+0.05}_{\ 0}$mm，需淬硬，键槽尺寸深度为 $46^{+0.3}_{\ 0}$mm，孔和键槽的加工顺序是：

① 镗孔至 $\phi39.6^{+0.1}_{\ 0}$mm。

② 插键槽，工序尺寸为 A。

③ 淬火热处理。

④ 磨孔至 $\phi40^{+0.05}_{0}$mm，同时保证 $46^{+0.3}_{0}$mm（假设磨孔和镗孔的同轴度误差很小，可忽略），试求插键槽的工序尺寸公差。

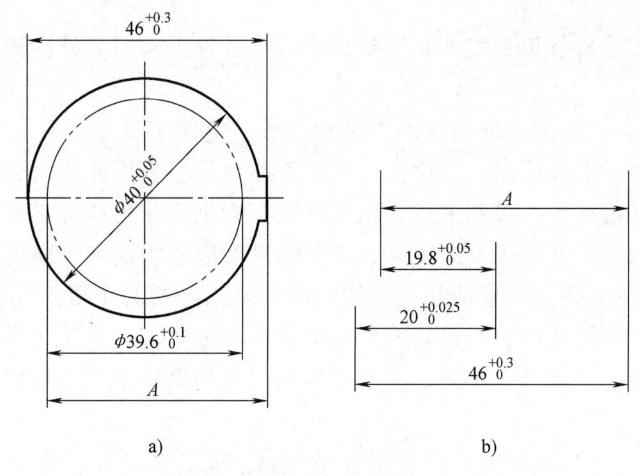

图 4-22　内孔及键槽加工的工艺尺寸链

解：

1）根据题意画工艺尺寸链，如图 4-22b 所示，要注意的是当有直径尺寸时，一般考虑用半径尺寸来列尺寸链，半径尺寸的上、下极限偏差均为直径尺寸上、下极限偏差的一半。

2）确定封闭环，查找组成环。封闭环为要求保证的尺寸，由题意可得键槽深度 $46^{+0.3}_{0}$mm 即为封闭环；根据箭头法判断出工序尺寸 A 和 $20^{+0.025}_{0}$mm 为增环，$19.8^{+0.05}_{0}$mm 为减环。

3）计算略。

【提示】 采用工艺尺寸链确定工序尺寸及其公差的计算步骤可以归纳为：①根据题意画工艺尺寸链；②分析间接获得或者要求保证的尺寸，确定封闭环；③利用箭头法，查找组成环；④代入公式计算。

第七节　机械加工设备及工艺装备的确定

一、机床的选择

1. 普通机床的选择

1）机床的主要规格尺寸应与工件的外形轮廓尺寸相适应，即小工件应选小型机床加工，大工件应选大型机床加工，合理使用设备。

2）机床的精度应与工序要求的加工精度相适应。

3）机床的生产率应与零件的生产类型相适应。尽量利用工厂现有的机床设备。

2. 数控机床的选择

数控加工方法是根据被加工零件图样和工艺要求，编制加工程序，由加工程序控制数控机床加工出工件。数控机床与普通机床相比具有许多优点，它的应用范围还在不断扩大。但是数控机床的初始投资费用比较大，在选用数控机床加工时要充分考虑其经济效益。一般来说，数控机床适用于加工零件较复杂、精度要求高、产品更新快、生产周期要求短的场合。

二、工艺装备的选择

机械加工中的工艺装备是指零件制造过程中所用各种工具的总称，包括夹具、刀具、量具和辅具。

1）夹具的选择。所用夹具应与生产类型相适应。单件小批生产时，应优先选择通用夹具。如各种通用卡盘、平口虎钳、分度头、回转工作台等，也可使用组合夹具。中批生产可以选用通用夹具、专用夹具、可调夹具、组合夹具。大批大量生产应尽量使用高产效率的专用夹具，如气动、液动、电动夹具。此外，夹具的精度应能满足加工精度的要求。

2）夹具、辅具的选择。一般应优先选用标准刀具，必要时也可选用高效率的复合刀具和专用刀具。所用刀具的类型、规格和精度应能满足加工要求。机床辅具是用以连接刀具与机床的工具，如刀柄、接杆、夹头等。一般要根据刀具和机床结构选择辅具，尽量选择标准辅具。

3）量具的选择。单件小批生产应选用通用量具，如游标卡尺、千分表等。大批大量生产时尽量选用极限量规、高效专用检具。

第八节　机械加工的生产率与经济性

在制订工艺规程时，要在保证产品质量的前提下，提劳动生产率、降低成本。机械加工劳动生产率是指工人在单位时间内制造合格产品的数量。

一、时间定额

工艺设计的内容之一是确定时间定额，时间定额是在一定生产条件下，规定生产一件产品或完成一道工序所消耗的时间。时间定额是安排生产计划，核算产品成本的重要依据之一。对于新建工厂（或车间），它又是计算设备数量、工人数量、车间布置、生产组织的依据。

工艺文件中的时间定额是单件时间，在机械加工中完成零件加工工艺过程中的一道工序所规定的时间，称为单件时间 T_d，它包括下列组成部分。

1）基本时间 T_j 是指直接改变生产对象的尺寸、形状、相互位置、表面状态或材料性质等工艺过程所消耗的时间。对切削加工而言，就是直接用于切除余量所消耗的时间（包括刀具的切出、切入时间），可以由计算确定。

2）辅助时间 T_f 是指为实现工艺过程所必须进行的各种辅助动作所消耗的时间。它包括在机床上装卸工件，开、停机床，进刀、退刀操作，测量工件等所用时间，基本时间和辅助时间之和称为作业时间 T_z。显然作业时间是直接用于制造零件所消耗的时间。

3）布置工作地点时间 T_b 是指为使加工正常进行，工人照管工作地（如更换刀具、润滑机床、清理切屑、收拾工具等）所消耗的时间。一般可按作业时间的 2%~7%计算。

4）休息与生理需要时间 T_x 是指工人在工作班内为恢复体力和满足生理上的需要所消耗

的时间。一般可按作业时间的2%~4%计算。

综上所述，单件时间 T_d 用公式表示为

$$T_d = T_j + T_f + T_b + T_x$$

5）准备与终结时间 T_e 是指对成批生产来说，工人为加工一批工件进行准备和结束工作所作所消耗的时间。例如熟悉工艺文件、领取毛坯、借取和安装刀具和夹具、调整机床、归还工艺装备、送交成品等。准备与终结时间对一批工件只消耗一次，如每批工件数（批量）记为 N，则分摊到每个工件上的准备与终结时间为 T_e/N。所以成批生产时的单件时间为

$$T_d = T_j + T_f + T_b + T_x + T_e/N$$

二、提高机械加工劳动生产率的工艺途径

提高劳动生产率涉及产品的设计、制造工艺、生产管理等多方面因素。仅就机械加工来说，提高劳动生产率的工艺途径是缩短单件工时和采用自动化加工等现代化生产方法。

1. 缩减时间定额

（1）缩减基本时间

1）提高切削用量 n、f、a_p。增加切削用量将使基本时间减小，但会增加切削力、切削热和工艺系统的变形以及刀具磨损等。因此必须在保证质量的前提下采用。要采用大的切削用量，关键要提高机床的承受能力特别是刀具寿命。

2）减小切削长度。可通过采用多刀加工或复合刀具的方法。

3）多件加工。分为顺序多件加工、平行多件加工、平行顺序多件加工。

（2）缩减辅助时间　主要是实现机械化和自动化或使辅助时间与基本时间重合。

1）采用高效夹具。

2）采用多工位连续加工。

3）采用主动测量或数字显示自动测量装置。

4）采用两个相同夹具交替工作的方法。

（3）缩减工作地点服务时间　主要是缩减调整和更换刀具的时间，提高刀具和砂轮的寿命。主要方法是采用各种快换刀夹、自动换刀装置、刀具微调装置、专用对刀样板以及不重磨硬质合金刀片（可转位硬质合金刀片）等。以减少工人在刀具的装卸、刃磨、对刀等方面所耗费的时间。

（4）缩减准备与终结时间　在批量生产时，应设法缩减安装刀具、调整机床的时间，同时应尽量扩大零件的批量，使分摊到每个零件上的准备与终结时间减少。在中、小批量生产时应尽量使零件通用化和标准化。

1）采用易于调整的先进加工设备。

2）夹具和刀具通用化。

3）减少换刀和调刀时间。

4）减少夹具在机床上的装夹找正时间。更换夹具时，充分利用定位键和定位销等元件快速装夹工件，减少找正时间。

2. 采用先进工艺方法

1）先进的毛坯制造方法。

2）采用少、无切屑加工工艺，如冷挤、冷轧、滚压等。

3）采用特种加工，如电火花、线切割等。

4）改进加工方法，如拉孔代替镗孔、铰孔，精刨、精磨代替刮研，粗磨代替铣削。

3. 提高机械加工自动化程度

大批大量生产时，可采用多工位组合机床或组合机床自动线；中小批生产的自动化可采用各种数控机床及其他柔性较高的自动化生产方式。

三、机械加工的经济分析

制订机械加工工艺规程时，通常应提出几种方案，这些方案都应满足工件的设计要求，如精度、表面质量和其他技术要求，而其生产率和成本则会有所不同。为了选取最佳方案，需要进行技术经济性分析。

工艺过程的技术经济分析有两种方法：一是对不同的工艺过程进行工艺成本的分析和评比；二是按相对技术经济指标进行宏观比较。

1. 生产成本和工艺成本

生产成本是指制造一个零件（或产品）所耗费的费用总和。

工艺成本是指生产成本中与工艺过程有关的那一部分成本，占生产成本的70%～75%。另一部分是与工艺过程没有直接关系的费用，如行政人员的工资、厂房折旧费、取暖费等。

（1）工艺成本的组成

1）可变费用 V：与零件年产量直接有关，并与之成正比变化的费用。

2）不可变费用 S：与零件年产量无直接关系，不随年产量的变化而变化的费用。

（2）工艺成本的计算

1）材料和毛坯费。

2）操作工人的工资。

3）机床电费。

4）机床折旧费。

5）机床维修费。

6）夹具费用。

7）刀具费用。

8）调整工人工资。

（3）工艺成本的评比　工件全年的工艺成本与年产量呈线性关系，通常用于工艺过程的不同方案的评比。

如图4-23所示，直线的斜率为工件的可变费用，直线的起点（截距）为工件的不变费用。图4-24所示为单件工艺成本与年产量的关系。E_d 与 N 呈双曲线关系，当 N 增大时，E_d 逐渐减小，极限值接近可变费用。

图4-25所示为两种方案全年工艺成本的对比。当 $N<N_K$ 时，宜采用方案Ⅱ，即年产量小时，宜采用不变费用少的方案；反之，宜采用可变费用少的方案。当评比的工艺方案中基本投资差额较大时，还应考虑不同方案的基本投资差额的回收期，投资回收期必须满足以下要求。

1）小于采用设备或工艺装备的使用年限。

2）小于该产品由于结构性能或市场需求等因素所决定的生产年限。

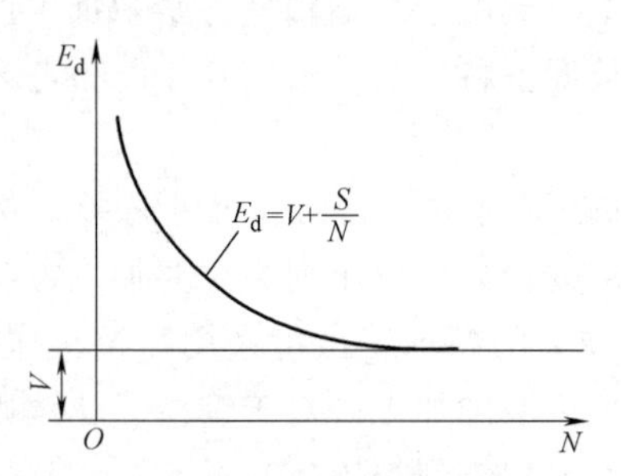

图 4-23　全年工艺成本与年产量的关系

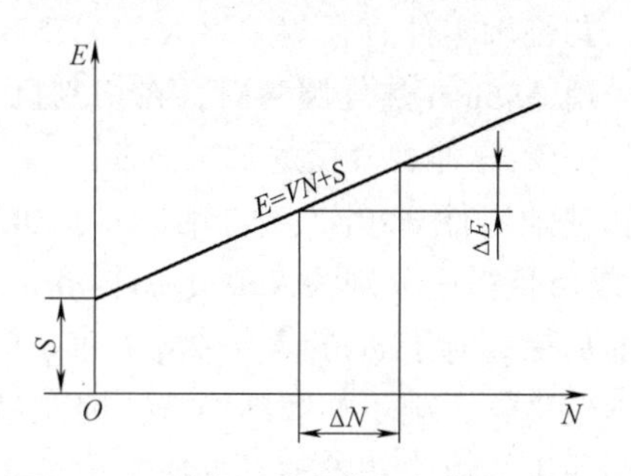

图 4-24　单件工艺成本与年产量的关系

3）小于国家规定的标准回收期（新设备的回收期为 4~6 年，新夹具的回收期为 2~3 年）。具体计算方法仍按专用机床或专用夹具计算，列入不变费用中即可，不必分两次另画直线。

进行不同方案的评比时，相同的工艺费用均可忽略不计。

2. 相对技术经济指标的评比

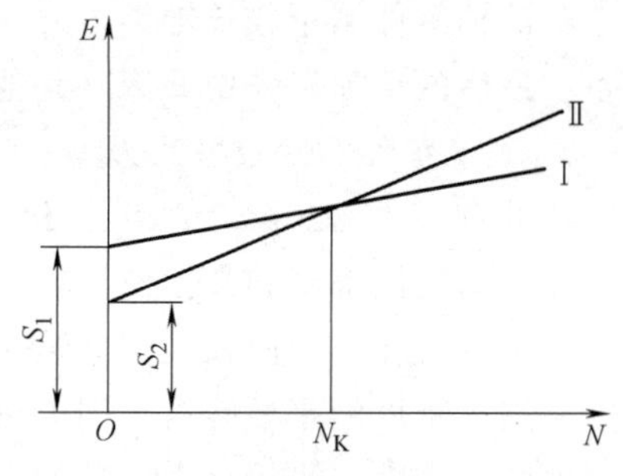

图 4-25　两种方案全年工艺成本的对比

相对技术经济指标常用于工艺路线不同方案的宏观比较。技术经济指标反映工艺过程中劳动的耗费、设备的特征和利用程度、工艺装备需要量以及各种材料和电力的消耗等情况。常用的技术经济指标有：单位工人的平均年产量（台数、重量、产值和利润，如件/人、t/人、元/人）、单位设备的平均年产量（如件/台、t/台、元/台）、单位生产面积的平均年产量（如件/m^2、t/m^2、元/m^2）、单位产品所需劳动量（如工时/台）、设备构成比（专用设备与通用设备之比）、工艺装备系数（专用工艺装备与机床数量之比）、工艺过程的分散与集中程度（单位零件的平均工序数）以及设备利用率和材料利用率等。利用这些指标能概略地和方便地进行技术经济评比。

上述两种评比方法，都着重于经济评比。一般而言，技术上先进才能取得经济效果。但是，有时技术的先进在短期内不一定显出效果，所以在进行方案评比时，还应综合考虑技术先进和其他因素。

【任务实施】

一、花键轴零件的加工工艺分析

1. 确定零件的生产类型

花键轴是传递机械转矩的一种常用机械传动轴，在制动器、转向机构中比较常见。图 4-1 所示的花键轴的加工表面有外圆面、圆弧表面、端面、键槽、外花键、螺纹等。因生产类型不同，工艺路线就会不同。因此首先要确定花键轴零件加工的生产类型。花键轴零件数量为 500 件，在 500~5000 范围内。因此，花键轴零件生产类型为中批生产。

2. 确定零件的毛坯类型

确定了花键轴零件生产类型后，要根据零件结构、尺寸、精度及力学性能要求确定毛坯类型。花键轴零件直径相差不大，无特殊力学性能要求，又由于花键轴零件是中批生产，因此可采用 ϕ36mm 热轧圆棒料，在切割机上按 250mm 长度下料。

3. 确定零件各表面的加工方法

花键轴零件 ϕ20js7、ϕ25js7 和 ϕ20h7 及花键外圆表面是重要表面，尺寸公差等级均为 IT7，表面粗糙度分别为 Ra0.4μm、Ra0.4μm 和 Ra0.8μm，采用以车削为主要加工方法完成零件的加工。对于 ϕ20js7、ϕ25js7 和 ϕ20h7 各表面淬硬后的精加工虽可采用数控车床加工，但成本较高，车削不如磨削经济，因此最后的精加工采用磨削加工。对于键槽、花键则可采用铣削加工。由于花键轴零件属于中批生产，故两端面采用铣削加工。

4. 确定零件加工的设备种类

花键轴零件属于较长轴类零件，加工精度要求又较高，可采用卧式数控车床为主要加工设备，最后的精加工采用磨床。其他表面如键槽、花键则可采用铣床。

5. 确定零件的定位装夹方案

花键轴零件 ϕ20js7、ϕ25js7 和 ϕ20h7 表面是重要表面且均有同轴度要求，为保证花键轴各圆柱面的同轴度和其他位置精度，半精车、精车和磨削时应选择基准轴线为定位基准，轴两端钻中心孔，用两顶尖定位装夹。由于两端中心孔相关尺寸和位置精度以及表面粗糙度是影响加工精度的重要因素，因此可在调质后安排修磨中心孔的工序。粗车时为了保证花键轴零件装夹刚性，采用一夹一顶的定位装夹方法，一端用自定心卡盘夹紧、另一端用活动顶尖装夹。

6. 初步确定零件机械加工顺序

车-铣-磨。

二、花键轴零件的加工工艺的拟订（表 4-6）

表 4-6　花键轴零件机械加工工艺路线拟订工作报告

序号	目的	工作报告内容
1	确定零件各表面加工方案	1) ϕ20js7、ϕ25js7、ϕ20h7 外圆表面及花键外圆表面：粗车-半精车-粗磨-精磨 2) M16×1.5 螺纹：粗车螺纹大径-半精车螺纹大径-车螺纹 3) 花键、键槽：铣
2	确定零件机械加工顺序	1) 划分花键轴零件加工阶段：根据花键轴零件主要的加工内容和要求，结合外圆加工方法的经济加工精度考虑，将花键轴零件的加工划分为粗车、半精车、磨削 3 个阶段 2) 确定花键轴零件机械加工顺序：下料-铣端面、钻中心孔-粗车-半精车-车沟槽-车螺纹-铣花键-铣键槽-粗磨外圆和台阶面-精磨外圆和台阶面
3	确定零件数控加工工序及工序顺序	1) 安排花键轴零件数控车削加工工序：在半精车加工阶段，根据生产批量，按一次装夹划分一道工序，共两道数控车削加工工序 2) 安排花键轴零件数控车削加工工序顺序：按先大后小原则安排。先车右，后车左
4	确定零件普通机加工序及工序顺序	下料-铣端面、钻中心孔-粗车-铣花键-铣键槽-磨外圆和台阶面-精磨外圆和台阶面
5	确定零件数控加工工序与普通机加工序的衔接	粗车-数控车-铣花键-铣键槽-磨

（续）

序号	目的	工作报告内容		
6	确定零件热处理工序的位置	粗车-调质-半精车（数控车）-铣花键-铣键槽-表面高频感应淬火-磨		
7	确定零件辅助工序及位置	检验		
8	确定零件各工序设备类型及定位装夹方案	工序名称	定位基准	设备类型
		备料	外圆柱面	切割机
		铣钻（铣端面钻中心孔）	外圆柱面	专用机床
		车（粗）	加工过外圆柱面	卧式车床
		车（半精）	两中心孔	数控车床
		铣（花键、键槽）	两中心孔	花键铣床
		磨	两中心孔	立式铣床

【知识与能力测试】

一、填空题

1. 工艺规程的格式一般有________、________、________。

2. 毛坯的种类有________、________、________、型材和冲压件。

3. 切削顺序安排的原则是先粗后精，________，________，基面平行。

4. 锻件是通过对处于固体状态下的材料进行锤击、锻打而改变其尺寸、形状的一种加工方法。按照锻造时是否采用模具，可分为________与________。

5. 预备热处理有________、________、调质处理。

6. 工序余量的确定方法有________、经验估算法和________。

7. 尺寸链由封闭环和组成环构成，组成环包含________和________。

8. 封闭环的公称尺寸等于所有________的公称尺寸之和减去所有________的公称尺寸之和。

9. 加工余量分为________和________。

10. 影响加工余量的因素有________、________、________、________。

二、判断题

1. 工艺规程的制订原则是：所制订的工艺规程，能在一定的生产条件下，以最快的速度、最少的劳动量和最低的费用，可靠地加工出符合要求的零件。（　　）

2. 当毛坯精度要求高、生产批量很大时，采用木模手工造型法。（　　）

3. 自由锻毛坯精度高、加工余量小、生产率高，但成本也高，适用于中小型零件毛坯的大批大量生产。（　　）

4. 光整加工阶段可以提高加工表面的尺寸、形状、位置精度和表面粗糙度。（　　）

5. 预备热处理常安排在半精加工之后，其目的是提高材料的硬度、耐磨性和强度等力学性能。（　　）

6. 余量公差等于前工序与本工序的工序尺寸公差之和。（　　）

7. 总加工余量是指零件从毛坯变为成品时从某一表面所切除的金属层总厚度。（　　）

8. 尺寸链是由相互联系且按一定顺序排列的封闭的尺寸组成。(　　)

9. 工艺尺寸链的计算方法有极值法和概率法两种。(　　)

10. 在一个工艺尺寸链中可以有多个封闭环。(　　)

三、综合题

1. 如图 4-26 所示零件，$A_1=70_{-0.07}^{-0.02}$mm，$A_2=60_{-0.04}^{0}$mm，$A_3=20_{0}^{+0.19}$mm。因 A_3 不便测量，试重新标出测量尺寸及其公差。

2. 图 4-27 所示底座零件的 M、N 面及 ϕ25H8 孔均已加工，试求加工 K 面时，便于测量的测量尺寸，求出的数值标注在工序草图上，并分析这种标注对零件的工艺过程有何影响。

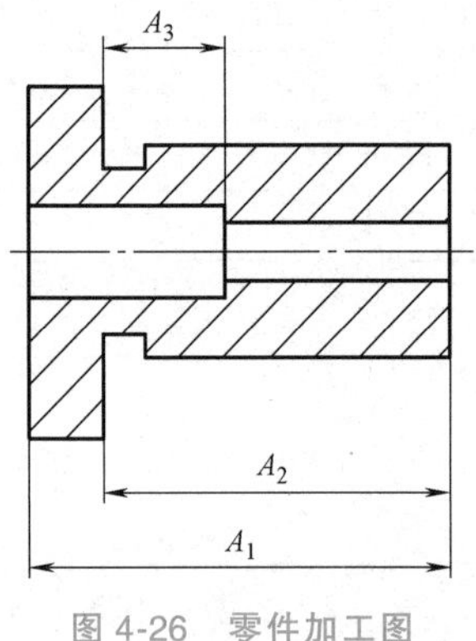

图 4-26　零件加工图

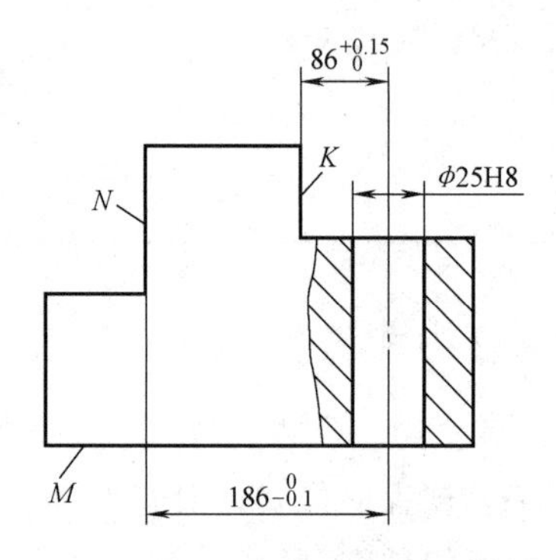

图 4-27　底座零件图

3. 图 4-28 所示环套零件除 ϕ25H7 孔外，其他各表面均已加工，试求当以 A 面定位加工 ϕ25H7 孔时的工序尺寸。

4. 图 4-29 所示小轴零件要求保证所加工的凹槽底面距轴线 $5_{0}^{+0.05}$mm。试分析加工时的定位基准的选择方案及工序尺寸。

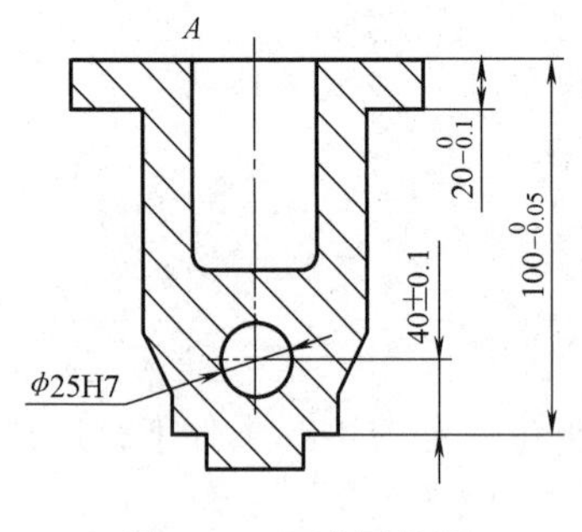

图 4-28　环套零件图

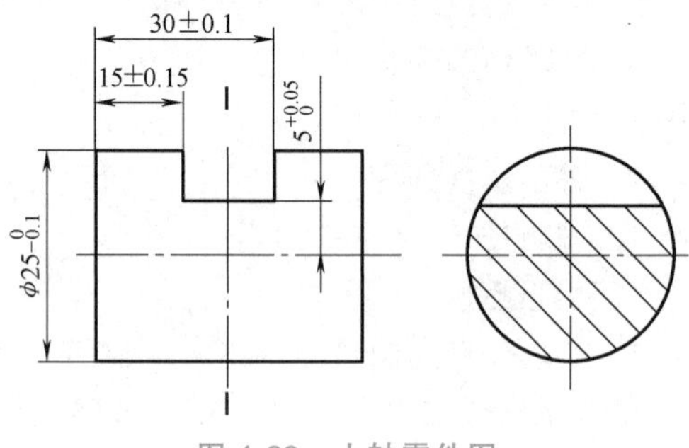

图 4-29　小轴零件图

第五章　机械加工质量及其控制

【知识与能力目标】

1）掌握机械加工精度和表面质量的概念。
2）理解影响加工精度和表面质量的各种因素。
3）掌握提高加工精度和表面质量的方法。
4）能根据产品质量，分析影响其精度和表面质量的原因，并提出改进措施。
5）能够结合具体加工过程，运用工艺方法提高加工质量。
6）树立正确的质量意识。

【课程思政】

大国工匠——宁允展

CRH380A型列车，曾以世界第一的速度试跑京沪高铁，它是李克强总理向全世界推销中国高铁时携带的唯一车模，可以说是中国高铁的一张国际名片。打造这张名片的，有一位不可或缺的人物，他就是高铁首席研磨师——宁允展。

宁允展是CRH380A的首席研磨师，是中国第一位从事高铁列车转向架"定位臂"研磨的工人，被同行称为"鼻祖"，从事该工序的工人全国不超过10人。他研磨的转向架装上了644列高速动车组，奔驰8.8亿公里，相当于绕地球22000圈。宁允展坚守生产一线24年，他曾说，"我不是完人，但我的产品一定是完美的。"做到这一点，需要一辈子踏踏实实做手艺。486.1km/h，这是CRH380A在京沪高铁跑出的最高时速，它刷新了高铁列车试验运营速度的世界纪录。如果把高铁列车比作一位长跑运动员，车轮是脚，转向架就是他的腿，而宁允展研磨的定位臂就是脚踝。宁允展对技术的掌控和精准把握，让国外专家都竖起了大拇指。宁允展说，"工匠就是凭实力干活，实事求是，想办法把手里的活干好，这是本分。"

【任务导入】

在车床上加工一批轴类零件，如图 5-1 所示，在加工时要考虑工件的尺寸精度、形状精度、位置精度、表面粗糙度以及热处理等方面的要求。哪些因素会影响该零件的加工质量呢？采用什么方法来保证上述加工要求？

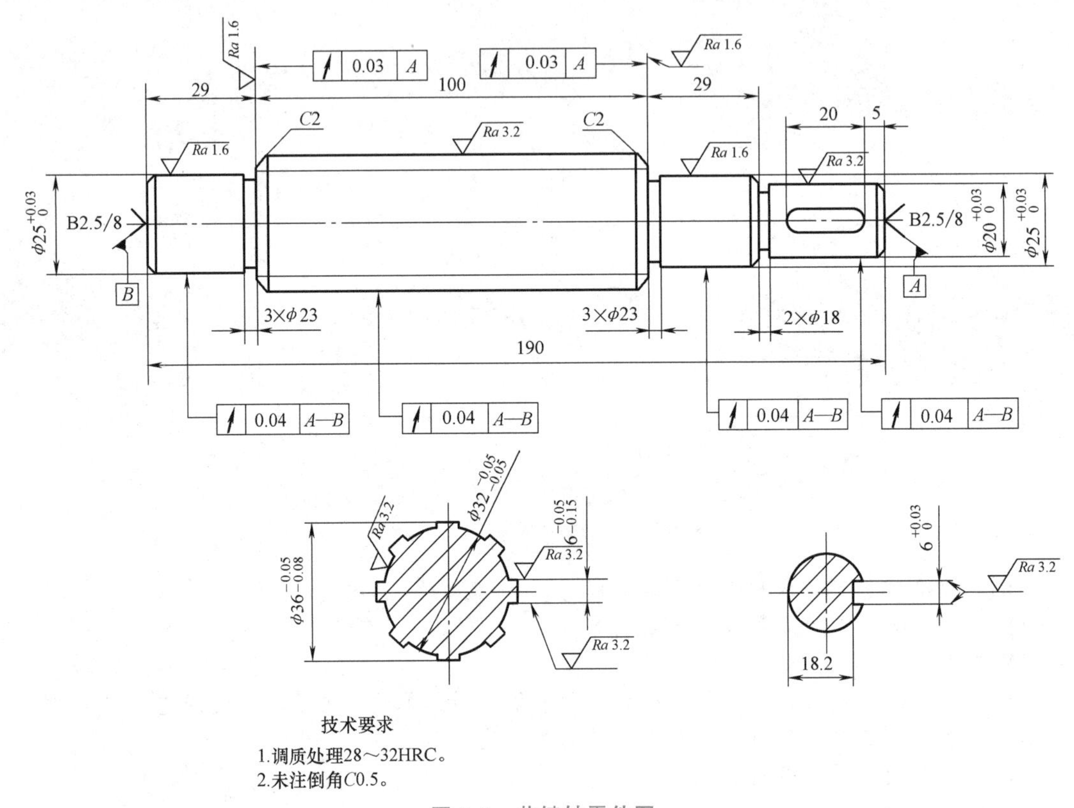

图 5-1　花键轴零件图

第一节　加工精度

一、加工精度与加工误差

机械加工精度（简称加工精度）是指零件在加工后的实际几何参数（尺寸、形状和表面间相互位置）与理想几何参数相符合的程度。符合的程度越好，加工精度越高。加工时由于各种误差因素的存在，实际零件不可能加工得绝对准确，总会有一些偏差，零件的实际几何参数与理想几何参数之间的偏差值，称为加工误差。加工误差是衡量加工精度的重要指标，若零件的加工误差在图样规定的公差范围内，则合格；反之，不合格。偏离程度越大，加工误差越大。生产实践中都是用加工误差的大小来反映与控制加工精度的。加工精度有尺寸精度、形状精度和位置精度三个方面。

【提示】 研究加工精度的目的：如何把各种误差控制在允许范围内。因而需弄清各种因素对加工精度的影响规律，从而找出降低加工误差、提高加工精度的措施。

二、影响加工精度的因素

在机械加工过程中，刀具、工件、机床和夹具构成完整的系统，称为工艺系统，由于工艺系统本身的结构和状态、操作过程以及加工中的物理现象而产生刀具与工件间相对位置关系发生偏移所产生的误差，称为原始误差。一部分原始误差与工艺系统的初始状态有关，即几何误差，包括加工原理误差、机床几何误差、刀具制造误差、夹具制造误差、工艺系统的调整误差等；一部分原始误差与加工过程有关，即动误差包括加工过程中工艺系统受力变形、受热变形，以及工件残余应力引起的变形、刀具磨损引起的加工误差、测量引起的加工误差等，如图 5-2 所示。这两部分误差又受环境条件、操作者技术水平等因素的影响。

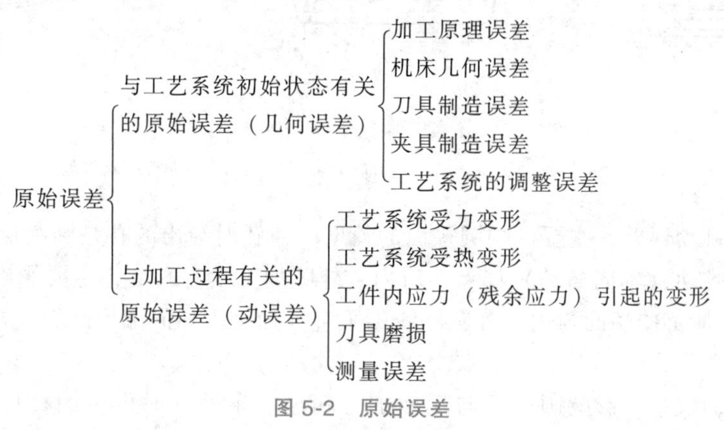

图 5-2　原始误差

1. 加工原理误差

加工原理误差是由于采用了近似的成形运动或近似的切削刃轮廓所产生的误差。因为它是在加工原理上存在的误差，故称为加工原理误差，简称“原理误差”。

一般情况下，为了获得规定的加工表面，刀具和工件之间必须做相对准确的成形运动。如车削螺纹时，必须使刀具和工件间完成准确的螺旋运动（即成形运动）；滚切齿轮时，必须使滚刀和工件间有准确的展成运动。

在生产实践中，采用理论上完全精确的成形运动是不可能实现的，所以在这种情况下常常采用近似的成形运动，以获得较高的加工精度和提高加工效率，使加工更为经济。

用成形刀具加工复杂的曲面时，常采用圆弧、直线等简单的线型替代。例如，常用的齿轮滚刀就有两种误差：一是滚刀切削刃的近似形状误差，即由于制造上的困难，采用阿基米德基本蜗杆或法向直廓基本蜗杆代替渐开线基本蜗杆；二是由于滚刀切削刃数有限，所切成的齿轮齿形是一条折线，并非理论上的光滑曲线，所以滚切齿轮是一种近似的加工方法。

所有上述这些因素，都会产生加工原理误差。加工原理误差的存在，会在一定程度上造成工件的加工误差（规定原理误差应小于工件公差的 15%）。

2. 机床几何误差

零件的加工精度主要是受机床的成形运动精度的影响，它主要取决于机床本身的制造、安装和磨损三方面因素，其中对加工误差影响最大的主要有主轴回转运动误差、机床导轨误差以及传动链误差。

(1) 机床主轴回转运动误差　机床主轴是工件或刀具的位置基准和运动基准，它的误差直接影响着工件的加工精度。对主轴的精度要求，最主要的就是在运转时能保持轴线在空间的位置稳定不变，即回转精度。

实际加工中，主轴回转轴线的空间位置在每一瞬间都是变动着的，即存在运动误差。主轴回转运动误差是指主轴瞬时回转轴线相对其平均回转轴线在规定测量平面内的变动量。

主轴的回转运动误差分为径向圆跳动误差、轴向圆跳动（轴向窜动）误差和角度摆动误差，如图 5-3 所示。

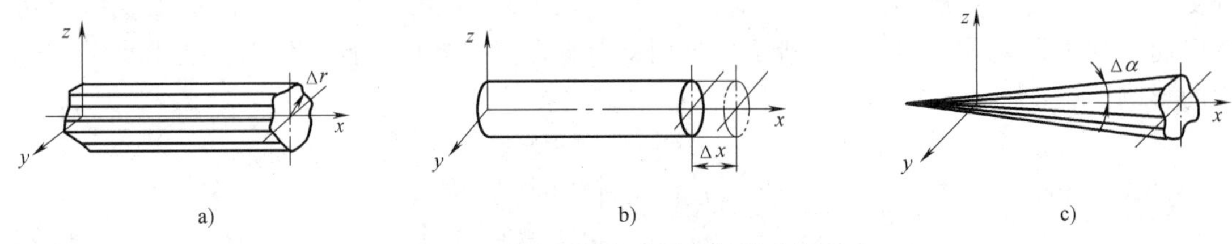

图 5-3　主轴回转运动误差的基本形式

a）纯径向圆跳动误差　b）纯轴向圆跳动误差　c）纯角度摆动误差

1）径向圆跳动误差。主要影响圆柱面的精度。镗孔时镗出的孔是椭圆形。

2）轴向圆跳动（轴向窜动）误差。对内、外圆加工没有影响，主要影响端面形状和轴向尺寸精度。所加工的端面与内、外圆轴线不垂直。加工出如同端面凸轮一样的形状，在中心处出现凸台。

3）角度摆动误差。影响圆柱面与端面加工精度。车外圆时产生圆柱度误差（锥体）；镗孔时将呈椭圆形。

(2) 机床导轨误差　机床导轨是确定机床主要部件的相对位置和运动的基准。因此，机床导轨的各项误差将直接影响被加工工件的精度。

导轨误差分为导轨在水平面内直线误差、导轨在垂直平面内直线误差、两导轨间的平行度误差。

1）导轨在水平面内直线度误差。对于普通车床和外圆磨床来说，它将直接反映在被加工工件表面的法线方向，使工件产生圆柱度误差（鞍形或鼓形）。

2）导轨在垂直平面内直线度误差。对于外圆磨影响不大，对龙门刨床、龙门铣床、导轨磨床来说，将直接反映到工件上，造成工件的形状误差。

3）两导轨间的平行度误差。加工出的工件产生圆柱度误差（鞍形、鼓形或锥度等）。

(3) 机床传动链误差　传动链误差是指内联系的传动链中首末两端传动元件之间相对运动的误差。它是由于传动链中传动元件之间存在制造误差、装配误差以及使用过程中的磨损引起的。

提高传动链精度的措施如下。

1）缩短传动链长度。

2）提高末端元件的制造精度与安装精度。

3）降速传动，尤其是传动链末端传动副。

4）采用校正装置对传动误差进行补偿。

3. 刀具制造误差与磨损

一般刀具（车刀、锉刀等）的制造误差，对加工精度没有直接影响。定尺寸刀具（如钻头、铰刀、拉刀及铣槽刀等）的尺寸误差，直接影响被加工零件的尺寸精度。另外，刀具的工作条件，如机床主轴的跳动或因刀具安装不当引起的径向或轴向圆跳动等，都会使工件产生加工误差。成形刀具（成形铣刀、成形车刀等）的形状误差直接影响被加工零件的形状精度。展成刀具加工时，切削刃形状必须满足加工表面的共轭曲线，否则影响零件的形状精度。同理，刀具磨损影响尺寸精度或形状误差。

4. 夹具制造误差与磨损

夹具的制造误差及磨损首先影响工件加工表面的位置精度，其次影响尺寸精度和形状精度。夹具制造误差必须小于工件的公差，对于容易磨损的定位元件、导向元件等，除应采用耐磨的材料外，应做成可拆卸的，以方便更换。

夹具制造误差包括定位误差、刀具导向（对刀）误差、夹紧误差、夹具制造误差、夹具安装误差、夹具的磨损等，它对工件位置精度影响较大。通常要求定位误差和夹具制造误差之和不大于工件对应尺寸公差的 1/3。

5. 工艺系统的调整误差

调整是指使刀具切削刃与工件定位基准间从切削开始到切削终了都保持正确的相对位置，它主要包括机床调整、夹具调整和刀具调整。在机械加工中，工艺系统总要进行一定调整，例如镗床夹具安装时就需要用指示表找正夹具安装面；更换刀具后进行新刀具位置调整。调整不可能绝对准确，由此产生的误差，称为调整误差。

引起调整误差的因素主要有测量误差、进给机构的位移误差等。

6. 工艺系统受力变形对加工精度的影响

（1）工艺系统刚度分析

1）工件、刀具的刚度。工件、刀具的刚度可按材料力学中有关悬臂梁的计算公式或简支梁的计算公式求得。当工件和刀具（包括刀杆）的刚度较差时，对加工精度的影响较大。如在内圆磨床上以切入法磨内孔时，由于内圆磨头轴的刚度较差，磨内孔时会使工件产生带有锥度的圆柱度误差。

2）接触刚度。由于机床和夹具以及整个工艺系统是由许多零、部件组成的，故其受力与变形之间的关系比较复杂，尤其是零、部件接触面之间的接触刚度不是一个常数，即其变形量与外力之间不是线性关系，外力越大，其接触刚度越大，很难用公式表达。

影响接触刚度的因素主要有相互接触的表面的几何误差和表面粗糙度；材料和硬度。

3）机床部件的刚度。

① 机床部件刚度的特性。任何机床部件在外力作用下产生的变形，必然与组成该部件的有关零件本身变形和它们之间的接触状况有关。其中各接触变形的总量在整个部件变形中占很大的比重，因而对机床部件来说，外力与变形之间是一种非线性函数关系。

从图 5-4a 中所示机床部件受力变形过程看，首先是消除各有关配合零件之间的间隙，挤掉其间油膜层的变形；接着是部件中薄弱零件的变形；最后才是其他组成零件本身的弹性变形和相应接触面的弹性变形及其局部塑性变形。当去掉外力时，由于局部塑性变形和摩擦阻力，最后尚留有一定程度的残余变形。

② 影响机床部件刚度的主要因素。

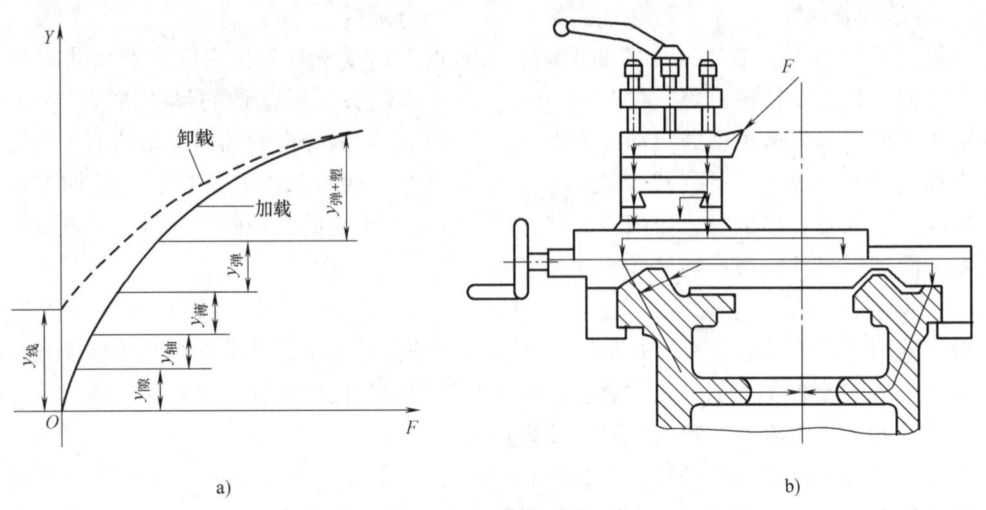

图 5-4　部件受力变形和各组成零件受力变形间的关系

a. 各接触面的接触变形。

b. 各薄弱环节零件的变形。机床部件中薄弱零件的受力变形对部件刚度影响最大。例如图 5-5 所示的机床导轨楔铁，由于其结构细长，刚度差，又不易加工平直，因此装配后常常与导轨接触不良，在外力作用下很容易变形，并紧贴导轨，变得平直，使机床工作时产生很大位移，大大降低了机床部件的刚度。

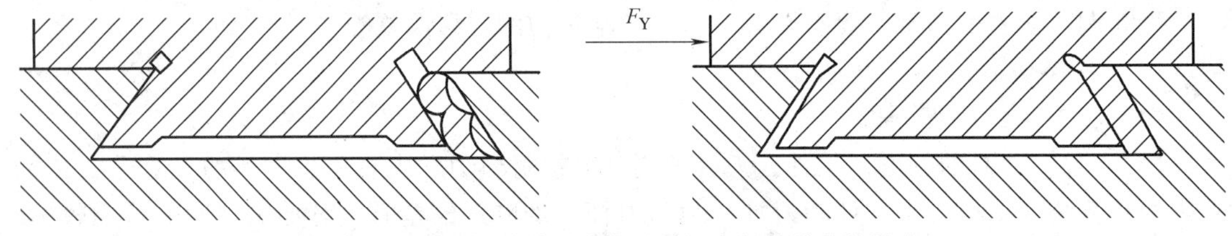

图 5-5　薄弱零件的受力变形对机床部件刚度的影响

c. 间隙和摩擦的影响。零件接触面间的间隙对机床部件刚度的影响，主要表现在加工中载荷方向经常变化的镗床和铣床上。当载荷方向不断正、反交替改变时，间隙引起的位移对机床部件刚度影响较大，会改变刀具和工件间的准确位置，从而使工件产生加工误差。

零件接触面间的摩擦力对机床部件刚度的影响：当载荷变动时较为显著，当加载时，摩擦力阻止变形增加；而卸载荷时，摩擦力又阻止变形恢复。

4）夹具的刚度。夹具的刚度与机床部件刚度类似，主要受其中各有关配合零件之间的间隙、薄弱零件的变形和接触变形，以及各组成零件本身的弹性变形和局部塑性变形的影响。

切削加工时，工艺系统在切削力、传动力、惯性力、夹紧力及重力等作用下，将产生相应的变形，这种变形将破坏刀具和工件在静态下调整好的相互位置，并使切削成形运动所需要的正确几何关系发生变化，而造成加工误差。变形大小除受力的影响外，还受系统刚度的影响。

（2）切削力对加工精度的影响

1）切削力大小的变化对加工精度的影响。在切削加工中，往往由于被加工表面的几何形状误差或材料的硬度不均匀引起切削力大小的变化，从而造成工件加工误差。如图 5-6 所示，由于毛坯的圆度误差 Δ_m 引起车削时刀具的背吃刀量在 a_{p1} 和 a_{p2} 之间变化，因此，切削分力 F_p 也随背吃刀量 a_p 的变化在 F_{pmax} 和 F_{pmin} 之间产生变化，从而使工艺系统产生相应的变形，即由 y_1 变到 y_2（刀具相对被加工面产生 y_1 和 y_2 的位移）。这样就形成了加工后工件的圆度误差 Δ_w。这种加工之后工件所具有的与加工之前相类似的误差的现象，称为“误差复映”现象。

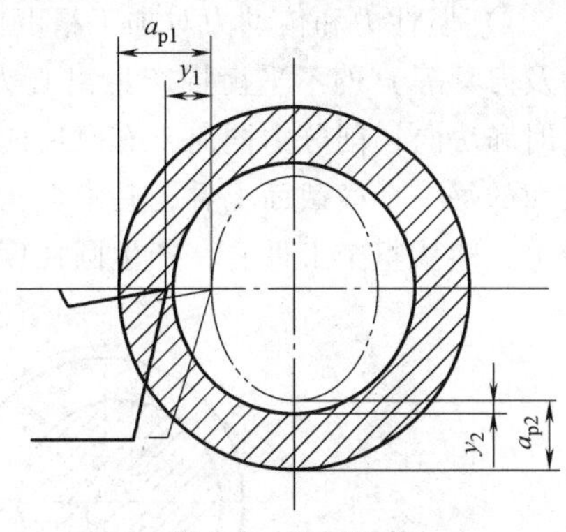

图 5-6　毛坯形状

假设加工之前工件（毛坯）所具有的误差为 $\Delta_m = a_{p1} - a_{p2}$，加工之后工件所具有的误差为 $\Delta_w = y_1 - y_2$，令 $\varepsilon = \Delta_w / \Delta_m$（<1），则 ε 表示出了加工误差与毛坯误差之间的比例关系，即“误差复映”的规律，故称 ε 为“误差复映系数”。ε 定量地反映了工件经加工后毛坯误差减小的程度。正常情况下，工艺系统刚度越大，ε 越小，加工后工件的误差 Δ_w 越小，即复映到工件上的误差越小。

多次走刀后总的 $\varepsilon = \varepsilon_1 \varepsilon_2 \varepsilon_3 \cdots \varepsilon_n$。

2）切削力作用点位置的变化对加工精度的影响。

① 在两顶尖间车削短而粗的光轴。此时工件和刀具的刚度相对很大，即认为工件和刀具的变形可忽略不计，工艺系统的总变形完全取决于机床主轴前端头架（包括顶尖）、尾座（包括顶尖）和刀架的变形。则工艺系统的总位移的最大和最小值之差就是工件的圆柱度误差。

② 在两顶尖间车削细而长的光轴。此时由于工件细长，刚度很小，机床主轴前端头架、尾座和刀架的刚度相对很大，即认为机床头架、尾座和刀架的变形可忽略不计，工艺系统的总变形完全取决于工件的变形，工件位移量的最大和最小值之差就是工件的圆柱度误差。

由于机床、夹具、工件等都不是绝对刚体，它们都会变形，因此前述两种误差形式都会存在，即既有形状误差，又有尺寸误差，故对加工精度的影响为前述几种误差形式的综合。

如图 5-7a 所示，在车削细长轴时，工件在切削力的作用下会发生变形，使加工出的轴出现中间粗两头细的情况；如图 5-7b 所示，在内圆磨床上采用径向进给磨孔时，由于内圆磨头主轴弯曲变形，磨出的孔会出现锥度的圆柱度误差，影响工件的加工精度。

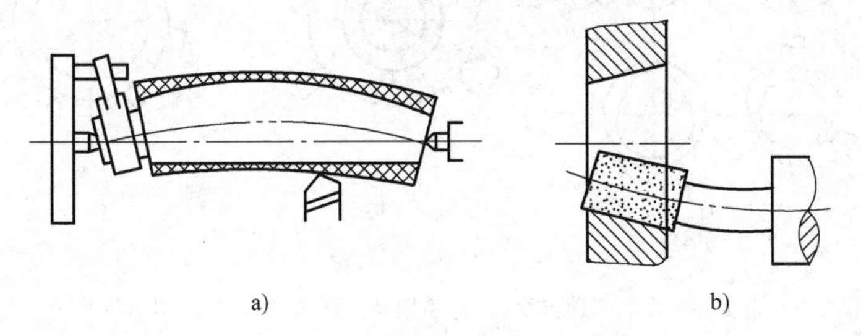

图 5-7　切削力对加工精度的影响

a）车削细长轴　b）磨内孔

（3）惯性力、传动力和夹紧力对加工精度的影响

1）惯性力和传动力对加工精度的影响。切削加工中，高速旋转的零、部件（夹具、工件及刀具等）的不平衡将产生离心力。离心力在每一转中不断地变更方向。因此，离心力有时和法向切削分力同向，有时反向，从而破坏了工艺系统各成形运动的位置精度。从加工表面的每一个横截面上看，基本上类似一个圆，但每一个横截面上的圆的圆心不在同一条直线上，即从整个工件看，产生圆柱度误差，如图 5-8 所示。

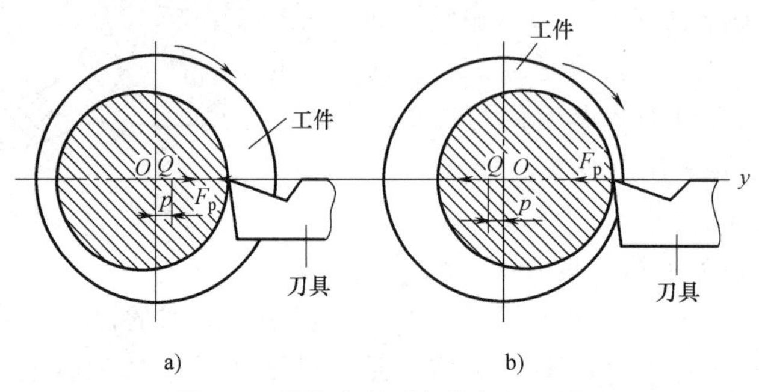

图 5-8　惯性力所引起的加工误差

2）夹紧力对加工精度的影响。工件在装夹时，由于工件刚度较低，夹紧力作用点或作用方向不当，都会引起工件的相应变形，造成加工误差。如图 5-9 所示，加工发动机连杆大头时，由于夹紧力作用点不当，造成加工后两孔中心线不平行以及与定位端面不垂直。

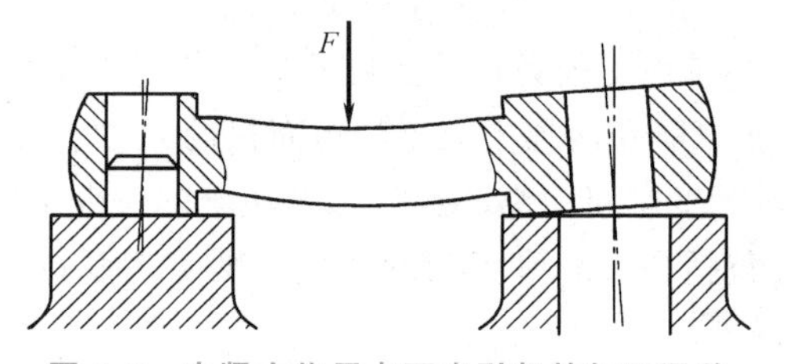

图 5-9　夹紧力作用点不当引起的加工误差

（4）夹紧力对加工精度的影响　夹紧力对加工精度的影响分析如图 5-10 所示，在车床上加工薄壁套的内孔，由于夹紧力作用，工件产生变形，加工完成后释放夹紧力，卸下工件，其内孔产生加工误差。因此，在加工易变形的薄壁工件时，应使夹紧力在工件圆周上均匀分布，或加弹性开口环，如图 5-10b 所示；或采用软爪，如图 5-10c 所示。

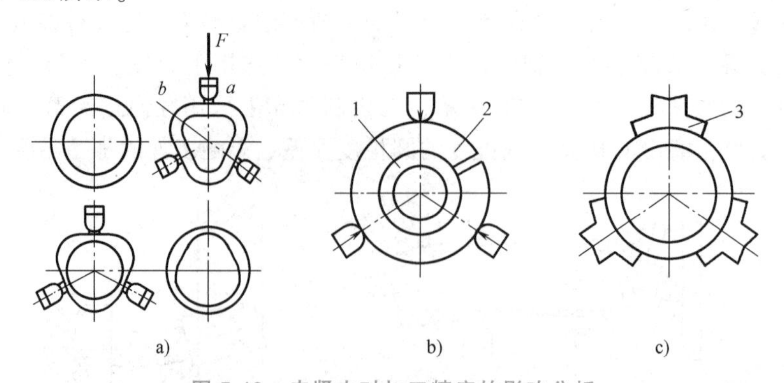

图 5-10　夹紧力对加工精度的影响分析

a）自定心卡盘装夹薄壁套　b）借助开口环装夹　c）采用软爪装夹

1—工件　2—弹性开口环　3—软爪

（5）其他力的影响　除上述分析的切削力及夹紧力外，加工精度还受到传动力、惯性力及残余应力等影响。传动力理论上不会使工件产生圆度误差，但周期性的传动力易引起强迫振动，影响表面质量。残余应力影响工件的尺寸及形状稳定性。

（6）减小受力变形对加工精度影响的措施　减少工艺系统受力变形是机械加工保证产品质量和提高生产率的主要途径之一。为了减少工艺系统受力变形对加工精度的影响，根据生产实际，可从下列几方面采取措施。

1）提高接触刚度。一般部件的接触刚度大大低于实际零件本身的刚度，所以提高接触刚度是提高工艺系统刚度的关键。常用的方法是改善工艺系统主要零件接触面的配合质量，如机床导轨副的刮研、配研顶尖锥体同主轴和尾座套筒锥孔的配合面、多次研磨加工精密零件用的中心孔等，都是在实际生产中行之有效的工艺措施。

2）提高工件刚度，减少受力变形。切削力引起的加工误差，往往是因为工件本身刚度不足或工件各部位刚度不均匀而产生的。如车削细长轴时，随着走刀长度的变化，工件相应的变形也不一致。当工件材料和直径一定时，工件的长度 L 和切削分力 F_p 是影响工件受力变形的决定性因素。为减少工件的受力变形，首先应减小支承长度，如安装跟刀架或中心架。减少切削分力 F_p 的有效措施是改变刀具的几何角度，如把主偏角磨成90°，可大大降低 F_p。

3）提高机床部件刚度，减少受力变形。机床部件刚度在工艺系统刚度中往往占很大比重，所以加工时常采用一些辅助装置提高其刚度。

4）合理装夹工件，减少夹紧变形。对薄壁件，夹紧时要特别注意选择适当的夹紧方法，否则将引起很大的夹紧变形。如图5-11a所示薄板工件，当磁力将工件吸向吸盘表面时，工件将产生弹性变形（图5-11b）。磨完后，由于弹性变形恢复，工件上已磨表面又产生翘曲。改进办法是在工件和磁力吸盘间垫橡胶垫（厚0.5mm）。工件夹紧时，橡胶垫被压缩，减少工件变形，便于将工件的变形部分磨去。这样经过多次正、反面交替磨削即可获得平面度较高的平面（图5-11d、e、f）。

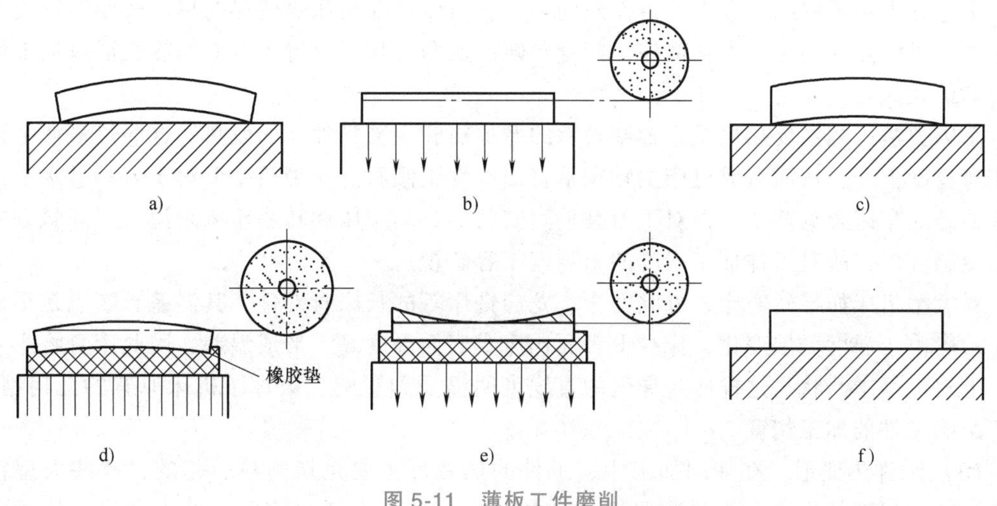

图5-11　薄板工件磨削

a）毛坯翘曲　b）吸盘吸紧　c）磨后松开　d）磨削凸面
e）磨削凹面　f）磨削完毕

7. 工艺系统的热变形对加工精度的影响

（1）工艺系统热变形的来源　工艺系统热变形的热源，大致可分为内部热源和外部热源两类。

内部热源主要指切削热和摩擦热。切削热是由于切削过程中，切削层金属的弹性、塑性变形及刀具与工件、切屑之间摩擦而产生的，这些热量将传给工件。切削加工时所生产的切削热将传给工件、刀具和切屑，三者的热分配情况将随切削速度和加工方法而定。如车削时，大量的切削热被切屑带走，传给工件的一般为30%，高速切削时，只有10%；传给刀具的一般为5%，高速切削时一般在1%以下。对于铣、刨加工，传给工件的热量一般在30%以下。钻孔和卧式镗削，因切屑留在孔内，传给工件的热量在50%以上。磨削时大约有84%的热量传给工件，其加工表面温度可达800～1000℃，这不仅影响加工精度，而且还影响表面质量（造成磨削表面烧伤）。摩擦热主要是机床和液压系统中的运动部件产生的，如电动机，其轴承、齿轮、蜗轮等传动，导轨移动副、液压泵、阀等运动，均会产生摩擦热。另外，动力源的能量消耗也部分地转换成热，如电动机、液压马达的运转也产生热。

外部热源主要是环境温度（它与气温变化、通风、空气对流和周围环境等有关）变化和辐射热（如太阳、照明灯、取暖设备、人体等的辐射热）。对外部热源的影响也不可忽视，如日照、地基温差及热辐射等，对精密加工的影响也很突出。研磨等精密加工，其发热量虽少，但其影响不可忽视。为了保证精密加工的精度要求，除注意外部热源的影响外，研磨速度往往由于热变形的限制而不能选得太高。

工艺系统受各种热源的影响，其温度会逐渐升高。与此同时，它们也通过各种方式向周围散发热量。当单位时间内传入和传出的热量相等时，则认为工艺系统达到热平衡。一般情况下，机床温度趋于稳定而达到平衡，其热变形相对稳定，此时引起的加工误差是规律的。

（2）机床热变形　机床在加工过程中，在内、外热源的影响下，各部分温度将发生变化。由于热源分布不均匀和机床结构的复杂性，机床各部件将发生不同程度的热变形，破坏了机床的几何精度，从而影响工件的加工精度。

由于各类机床的结构和工件条件差别很大，所以引起机床热变形的热源及变形形式也各不相同。机床热变形中，主轴部件、床身导轨以及两者相对位置等方面的热变形对加工精度的影响最大。

车床类机床的主要热源是主轴箱轴承的摩擦热和主轴箱油池的发热。这些热量使主轴箱和床身温度上升，从而造成机床主轴在垂直面内发生倾斜。这种热变形对于刀具呈水平位置安装的卧式车床影响甚微，但对于刀具垂直安装的自动车床和转塔车床来说，因倾斜方向为误差敏感方向，故对工件加工精度的影响就不容忽视。

对大型机床如导轨磨床、外圆磨床、龙门铣床等的长床身部件，其温差影响也是很显著的。一般由于温度分层变化，床身上表面比床身底面温度高，形成温差，因此床身将产生变形，上表面呈中凸状。这样床身导轨的直线度明显受到影响，破坏了机床原有的几何精度，从而影响工件的加工精度。

（3）工件热变形　在切削加工中，工件的热变形主要是切削热引起的，有些大型精密件还受环境温度的影响。在热膨胀下达到的加工尺寸，冷却收缩后会发生变化，甚至会超差。工件受切削热影响，各部分温度不同，且随时间变化，切削区附近温度最高。开始切削时，工件温度低，变形小，随着切削过程的进行，工件的温度逐渐升高，变形也就逐渐加大。

对不同形状的工件和不同的加工方法，工件的热变形是不同的。一般来说，在轴类零件加工中，由于车削、磨削外圆时，工件受热比较均匀，在开始切削时工件的温升为零，随着切削的进行，工件温度逐渐升高，直径逐渐增大，增大部分被刀具切除，因此冷却后工件将出现锥度（尾座处直径最大，头架处直径最小）。若要使工件外径达到较高的精度水平（特别是形状精度），则粗加工后应再进行精加工，且精加工必须在工件冷却后进行，并需在加工时采用高速精车或用大量切削液充分冷却进行磨削等方法，以减少工件的发热和变形。即使如此，工件仍会有少量的温升和变形，造成形状误差和尺寸误差（特别是形状误差）。

对于工件热伸长对于长度尺寸的影响，由于长度要求不高而不突出。但当工件在顶尖间加工，工件伸长导致两顶尖间产生轴向压力，并使工件产生弯曲变形时，工件的热变形对加工精度的影响就较大。有经验的车工在切削进行期间总是根据实际情况，不时放松尾座顶尖螺旋副，以重新调整工件与顶尖间的压力。细长轴在两顶尖间车削时，工件受热伸长，导致工件受压失稳，造成切削不稳定。此时必须采用中心架和类似于磨床的弹簧顶尖。

精密丝杠加工中，工件的热变形伸长会引起加工螺距的累计误差。丝杠螺距精度要求越高，长度越长，这种影响就越严重。因此，控制室温与使用充分的切削液以减少丝杠的温升是很必要的。对于机床导轨面的磨削，工件的加工面与底面的温度所引起的热变形也是较大的。

在某些情况下，工件的粗加工对精加工的影响也必须注意。例如，在工序集中的组合机床、流水线、自动生产线以及数控机床上进行加工时，就必须从热变形的角度来考虑工序顺序的安排。若粗加工工序以后紧接着是精加工工序，则必然引起工件的尺寸和形状误差。

（4）刀具热变形　切削热虽然传给刀具的并不多，但由于刀体小，热容量有限，刀具仍有相当程度的温升，特别是从刀架悬伸出来的刀具工作部分温度急剧升高，可达 1000℃以上。连续切削时，刀具的热变形在切削初期增加很快，随后变得很慢，经过不长的时间达到热平衡，此时热变形变化量就非常小。因此 一般刀具的热变形对工件加工精度影响不大。间断切削时，由于有短暂的冷却时间，因此其总的热变形量比连续切削时要小一些，对工件加工精度影响也不大。

（5）减小工艺系统热变形对加工精度影响的措施

1）减少热源发热并隔离热源。例如，减少切削热和摩擦热，使粗、精加工分开；尽量分离热源，对不能分离的摩擦热源，改善其摩擦特性，减少发热；充分冷却和强制冷却；采用隔热材料将发热部件和机床大件隔离开来。

2）均衡温度场。减小机床各部分温差，保持温度稳定，以便于找出由于热变形产生加工误差的规律，从而采取相应措施给予补偿。

3）采用合理机床结构及装配方案，采用热对称结构，即变速箱中将轴、轴承、齿轮等对称布置，可使箱壁温升均匀，箱体变形减少；采用热补偿结构，以避免不均匀的热变形产生；合理选择装配基准，使受热伸长有效部分缩短。

4）加速达到热平衡，方法有高速空运转和人为加热等。

5）控制环境温度，恒定平均温度一般为（20±1）℃。

8. 工件内应力引起的变形

所谓内应力（残余应力）是指当外部的载荷除去以后，仍残存在工件内部的应力。内应力主要是因金属内部组织发生了不均匀的体积变化而产生的，其外界影响因素主要来自热加工和冷加工。

具有内应力的工件处于一种不稳定状态中，它内部的组织有强烈的倾向要恢复到一种没有应力的状态。即使在常温下，其内部组织也在不断地发生着变化，直到内应力消失为止。在内应力变化的过程中，零件的形状逐渐地变化，原有的精度也会逐渐地丧失。用这些零件装配成的机器，在机器使用中也会产生变形，甚至可能影响整台机器的质量，给生产带来严重的隐患。

（1）内应力产生的原因

1）毛坯制造中产生的内应力。在铸、锻、焊及热处理等热加工过程中，由于各部分热胀冷缩不均匀以及金相组织转变时的体积变化，毛坯内部产生了相当大的内应力。毛坯的结构越复杂，各部分的厚度越不均匀，散热的条件差别越大，则毛坯内部产生的内应力也越大。具有内应力的毛坯的变形在短时间内显现不出来，内应力暂时处于相对平衡的状态，但当切去一层金属后，就打破了这种平衡，内应力重新分布，工件就出现了明显的变形。

图 5-12a 所示为一个内、外壁厚度相差较大的铸件，在铸后的冷却过程中产生内应力的情况。当铸件冷却后，由于壁 1 和壁 2 较薄，散热较易，冷却较快；壁 3 较厚，所以冷却较慢。当壁 1 和壁 2 由塑性状态冷却到弹性状态时（620℃左右），壁 3 的温度还比较高，尚处于塑性状态。所以壁 1 和壁 2 收缩时壁 3 不起阻挡作用，铸件内部不产生内应力，但当壁 3 冷却到弹性状态时，壁 1 和壁 2 的温度已降低很多，收缩速度变得很慢，而这时壁 3 收缩较快，就受到壁 1 和壁 2 的阻碍。因此，壁 3 在冷却收缩的过程中，由于受到壁 1 和壁 2 的阻碍而产生了拉应力，壁 1 和壁 2 受到压应力，形成了相互平衡的状态。

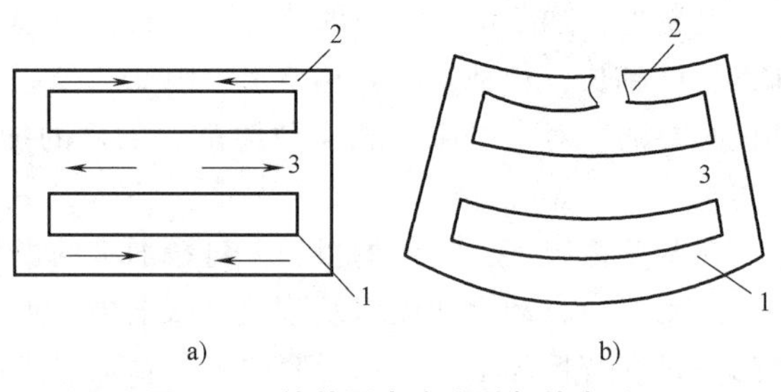

图 5-12　铸件因内应力引起的变形

如果在该铸件壁 2 上开一个缺口，如图 5-12b 所示，则壁 2 压应力消失，铸件在壁 1 和壁 3 的内应力作用下，壁 3 收缩，壁 1 伸长，发生弯曲变形，直到内应力重新分布达到新的内应力平衡为止。

2）冷校直带来的内应力。丝杠一类的细长轴经车削以后，轧制时产生的内应力会重新分布，使轴产生弯曲变形。为了纠正这种弯曲变形，常采用冷校直。校直的方法是在弯曲的反方向加外力 F，如图 5-13a 所示，在外力 F 的作用下，工件内部的应力分布如图 5-13b 所示，在轴线以上产生压应力（用负号“-”表示），在轴线以下产生拉应力（用正号“+”表示）。在轴线和两条双点画线之间，是弹性变形区域，在双点画线以外是塑性变形区域。当外力 F 去除以后，外层的塑性变形区域阻止内部弹性变形的恢复，使工件内部产生了内应力，其分布情况如图 5-13c 所示。可见，冷校直虽然减少了弯曲，但工件仍处于不稳定状态，如再次加工，又将产生新的弯曲变形。因此，高精度丝杠的加工，不采用冷校直，而是用热校直或加大毛坯余量等措施，来避免冷校直产生内应力对加工精度造成影响。

3）切削加工中产生的内应力。切削时，在切削力和切削热的作用下，工件表面层各部分将产生不同的塑性变形，或使金属组织发生变化，这些均会引起内应力。这种内应力的分布情况（应力的大小及方向）由加工时的工艺因素决定。例如磨削加工，磨削表面的温度比较高，当表层温度过高时，表层金属的弹性就会急剧下降。对钢来说，在 800~900℃时，

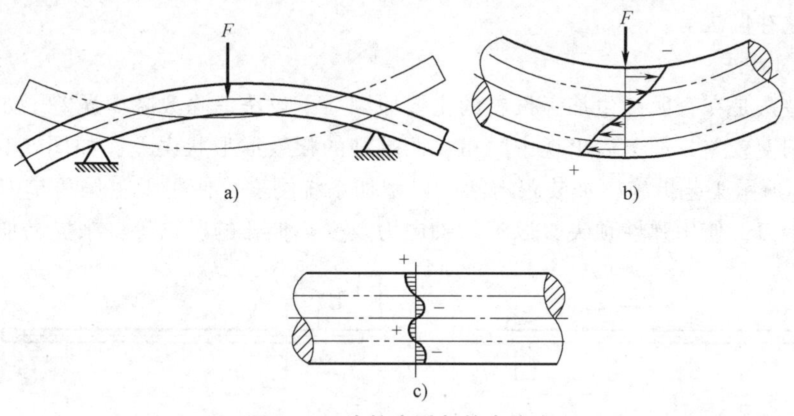

图 5-13　冷校直引起的内应力

弹性几乎完全消失。如工件表层在磨削过程中，曾出现 800℃以上的温度，则其受热引起的自由伸长量将受金属基体部分的限制而被压缩掉，但却不会产生任何压应力，因为表层已没有弹性，已成为完全塑性的物质，不出现任何抵抗。随着温度下降，当温度低于 800℃后，表层金属就逐渐加强弹性、降低塑性，表层金属就要收缩，但由于表层金属和基体部分是一体的，基体部分必然会阻止表层金属收缩，从而在表层产生拉应力，在 800℃附近温度下降的梯度越大，其表层产生的拉应力就越大，甚至会使表面产生裂纹。

（2）减少或消除内应力的措施

1）合理设计零件结构。在零件结构设计中，应尽量减小零件各部分厚度尺寸之间的差异，以减少铸、锻件毛坯在制造过程中产生的内应力。

2）采取时效处理。自然时效处理主要是在毛坯制造之后或粗、精加工之间，让工件在露天场合下停留一段时间，利用温度的自然变化，经过多次热胀冷缩，使工件的晶体内部或晶界之间产生微观滑移，从而达到减少或消除内应力的目的。这种过程对大型精密件（如床身、箱体等）需要很长的时间，往往影响产品的制造周期，所以除了特别精密的零件和对制造周期要求不高的零件外，一般较少采用。

人工时效处理是目前使用最广的一种方法。它是将工件放在炉内加热到一定温度，并保温一段时间，再随炉冷却，以达到消除内应力的目的。这种方法对大型零件就需要一套很大的设备，其投资和能源消耗都比较多，因此，该方法常用于中小型零件。

振动时效处理是消除内应力、减少变形以及保持工件尺寸稳定的一种新方法，可用于铸件、锻件、焊接件以及有色金属件等。它是以激振的形式将机械能加到含有大量内应力的工件内，引起工件金属内部晶格位错蠕变、转变，使金属内部结构达到稳定状态，以此减少和消除工件的内应力。这种方法不需要庞大的设备，所以比较经济、简便，且效率高。

3）合理安排工艺过程。例如，粗、精加工分开，在不同的工序中进行，使粗加工后有一定时间让残余应力重新分布，以减小对精加工的影响。在加工大型工件时，粗、精加工往往在一道工序中来完成，这时应在粗加工后松开工件，让工件有自由变形的可能，然后再用较小的夹紧力夹紧工件后进行精加工。

三、提高加工精度的工艺措施

提高加工精度的方法大致有减少误差法、转移误差法、误差分组法、误差平均法、就地加工法及误差补偿法等。

1. 减少误差法

减少误差法是在查明产生加工误差的主要原因后，设法消除或减少误差。如车削细长轴时，因工件刚度较差，加工后出现中间粗、两端细的腰鼓形形状误差，如图 5-14a 所示。现采用图 5-14b 所示工艺措施，加装跟刀架，以增加系统刚度；使用大主偏角车刀，以减小径向力；反向走刀，使用弹性顶尖，以消除轴向力及受热伸长的影响等，来提高加工精度。

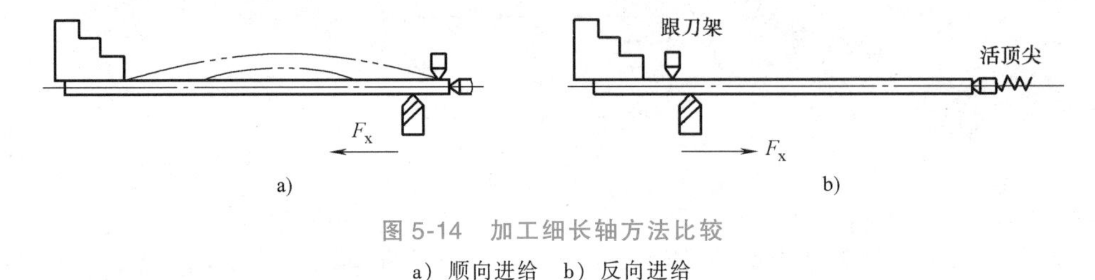

图 5-14　加工细长轴方法比较

a）顺向进给　b）反向进给

2. 转移误差法

转移误差法就是把对加工精度影响较大的原始误差转移到误差非敏感方向或不影响加工精度的方向上去。例如，当转塔刀架上的外圆车刀水平安装时，因转塔刀架的转角误差处于误差敏感方向上，对加工精度影响很大，若采用立式安装，如图 5-15 所示，则转塔刀架的转角误差转移到非误差敏感方向（垂直方向）上，此时刀架转角误差对加工精度影响很小，可以忽略不计。又如，成批生产中用镗模加工箱体孔系时，把机床主轴回转误差及导轨误差转移，靠镗模质量保证孔系加工精度。

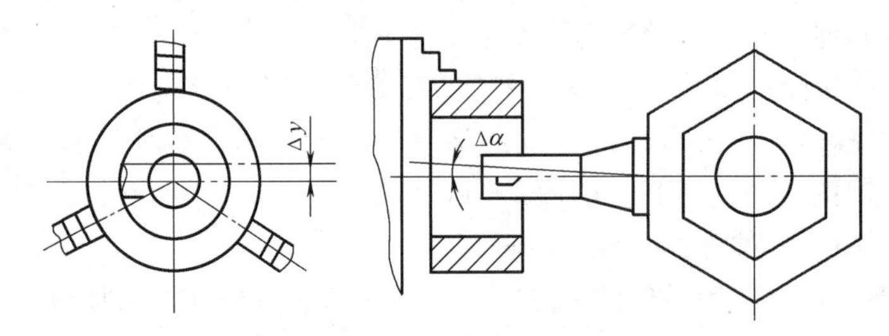

图 5-15　六角转塔式车床转角误差转移

3. 误差分组法

在加工中，由于毛坯或半成品的误差而引起定位误差或误差复映，从而造成本工序加工误差。此时可根据误差复映的规律，在加工前将这批工件按误差的大小分成 n 组，每组工件的误差范围就缩小为原来的 $1/n$。按各组工件加工余量或相关尺寸变动范围，调整刀具相对工件的准确位置或选用合适的定位元件，使各组工件加工后尺寸分布中心基本一致，大大缩小整批工件的尺寸分散范围。

例如，采用无心磨床贯穿磨削加工一批精度要求很高的小轴时，通过磨前对小轴尺寸进行测量并分组，再根据每组零件实际加工余量及系统刚度调整无心磨床砂轮与导轮之间的距离，从而解决因毛坯误差复映使加工精度难以保证的问题。

4. 误差平均法

误差平均法就是利用有密切联系的表面相互比较、相互检查，进行相互修正或互为基准加工，使被加工表面的误差不断缩小，并达到很高的加工精度的方法。

例如，对配合精度要求很高的轴和孔，常采用研磨工艺。研具本身并不具有很高的精度，但它在和工件做相对运动的过程中对工件进行微量切削，使原有误差不断减小，从而获得精度高于研具原始精度的加工表面。生产中高精度的基准平台、平尺等均采用该方法加工。

5. 就地加工法

在加工和装配中有些精度问题，牵涉很多零件或部件间的相互关系，相当复杂。如果单纯提高零、部件本身精度，有时相当困难，甚至无法实现。若采用就地加工法，就可以很方便地解决这种问题。

例如，用龙门刨床和牛头刨床进行装配时，为了保证其工作平面对横梁和滑枕的平行位置关系，采取待机床装配后，在自身机床上进行“自刨自”的精加工。又如，车床上修正花盘平面度和修正卡爪与主轴同轴度等，也是采用在自身机床上“自车自”或“自磨自”的工艺措施。

6. 误差补偿法

误差补偿法就是人为制造一种新的误差，去抵消工艺系统原有的原始误差的方法。当原始误差是负值时，人为引进误差就应取正值；反之，取负值。尽量使两者大小相等、方向相反。或者利用一种原始误差去抵消另一种原始误差，尽量使两者大小相等、方向相反，从而达到减少加工误差、提高加工精度的目的。

例如，在加工高精密丝杠或高精密蜗轮时，通常不是一味提高传动链中各转动元件的制造精度，而是采用螺距误差校正装置和分度误差校正装置的方法来提高传动精度。

第二节　机械加工表面质量

机械零件的破坏，一般是从表面层开始的。产品的性能，尤其是它的可靠性和耐久性，在很大程度上取决于零件表面层的质量。研究机械加工表面质量的目的就是为了掌握机械加工中各种工艺因素对加工表面质量影响的规律，以便运用这些规律来控制加工过程，最终达到改善表面质量、提高产品使用性能的目的。机械加工表面质量是指零件加工后的表面层状态，它是判断零件质量的主要依据之一。

一、表面质量的概念

机械加工表面质量是指零件机械加工后表面的微观几何特征和物理力学性能变化。任何机械加工方法所获得的加工表面，实际上都不可能是绝对理想的表面，总是存在着表面粗糙度、表面波度等微观几何形状误差，划痕、裂纹等缺陷，以及零件表面层的冷作硬化、金相组织变化和残余应力等物理力学性能的变化，如图 5-16 所示。机械加工表面质量主要包括两个方面，即加工表面的几何特征和表面层的物理力学性能变化。

1. 表面的几何特征

加工表面的几何特征主要包括表面粗糙度和表面波度，以及表面加工纹理、伤痕等。

（1）表面粗糙度　表面粗糙度是指加工表面的微观几何形状误差。它由采用的加工方法或其他因素决定，其波高与波长的比值一般大于 1∶50。

(2) 表面波度　表面波度是介于宏观几何形状误差与微观表面粗糙度之间的中间几何形状误差。它主要是由工艺系统的低频振动造成的，其波高与波长的比值一般为 1 : 50 ~ 1 : 1000。

(3) 表面加工纹理　表面加工纹理即表面微观结构的主要方向。它取决于表面形成过程中所采用的机械加工方法及其主运动和进给运动的关系。

(4) 伤痕　在加工表面的个别位置上出现的缺陷。它们大多是随机分布的，例如砂眼、气孔、裂纹和划痕等。

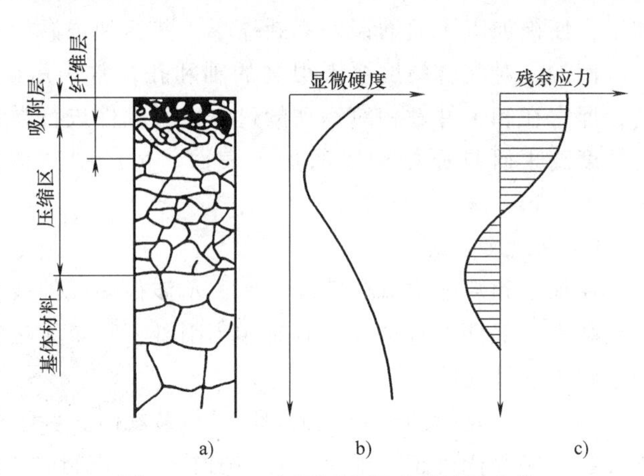

图 5-16　加工表面层沿深度的性质变化

a) 加工变质层模型　b) 硬度分布　c) 应力分布

2. 表面层物理力学性能

表面层物理力学性能主要指以下三个方面。

(1) 表面层加工硬化（冷作硬化）　机械加工时，工件表面层金属受到切削力的作用产生塑性变形，使晶格扭曲，晶粒间产生剪切滑移，晶粒被拉长、纤维化甚至碎化，从而使表面层的强度和硬度增加，这种现象称为加工硬化，又称为冷作硬化。

(2) 表面层金相组织变化　表面层金相组织变化是由于切削热引起工件表面温升过高，在空气或切削液影响下表面层金属发生金相组织变化的现象。

(3) 表面层残余应力　由于受切削力和切削热的影响，在没有外力作用的情况下，在工件表面层内部保持平衡而存在的应力，称为表面层残余应力，表面层残余应力分为残余压应力和残余拉应力。

3. 表面质量对零件使用性能的影响

(1) 表面质量对零件耐磨性的影响　零件的耐磨性是一项很重要的性能指标，当零件的材料、润滑条件和加工精度确定之后，表面质量对耐磨性起着关键作用。因加工后的零件表面存在着凸起的轮廓峰和凹下的轮廓谷，两配合面或结合面的实际接触面积总比理想接触面积小，实际上只是在一些凸峰顶部接触，这样，当零件受力的作用时，凸峰部分的应力很大。零件的表面越粗糙，实际接触面积就越小，凸峰处单位面积上的应力就越大。当两个零件相对运动时，接触处就会产生弹性变形、塑性变形和剪切等现象，凸峰部分被压平而造成磨损。

虽然表面粗糙度对耐磨性影响很大，但并不是表面粗糙度值越低越耐磨。过于光滑的表面会挤出接触面间的润滑油，引起分子之间的亲和力加强，从而产生表面咬焊、胶合，使得磨损加剧。就零件的耐磨性而言，表面粗糙度 Ra 值在 0.8~0.2μm 之间为宜。

零件表面纹理形状和纹理方向对耐磨性也有显著影响。一般来讲，圆弧状的、凹坑状的表面纹理，耐磨性好；而尖峰状的表面纹理耐磨性差，因它的承压面小，而压强大。在轻载并充分润滑的运动副中，两配合面的刀纹方向与运动方向相同时，耐磨性较好；刀纹方向与运动方向垂直时，耐磨性最差；其余情况介于上述两者之间。而在重载又无充分润滑的情况下，两配合面的刀纹方向垂直时，磨损较小。由此可见，重要的零件应规定最后工序的加工纹理方向。

零件表面层材料的加工硬化，能提高表面层的硬度，增强表面层的接触刚度，减少摩擦表面间发生弹性变形和塑性变形的可能性，使金属之间咬合的现象减少，因而增强了耐磨性。但硬化过度会降低金属组织的稳定性，使表面层金属变脆、脱落，致使磨损加剧。因此，硬化的程度和深度应控制在一定的范围内。

表面层金属的残余应力和金相组织发生变化时，会影响表面层金属的硬度，因此也将影响耐磨性。

（2）零件表面质量对零件疲劳强度的影响　零件在交变载荷的作用下，其表面微观不平的凹谷处和表面层的缺陷处容易引起应力集中而产生疲劳裂纹，造成零件的疲劳破坏。试验表明，减小表面粗糙度值可以使零件的疲劳强度有所提高。因此，对于重要零件的重要表面，往往应进行光整加工，以减小零件的表面粗糙度值，提高其疲劳强度。

加工硬化可以在零件表面形成硬化层，因而能阻碍表面层疲劳裂纹的出现，从而提高疲劳强度。但硬化程度过大，会使表层金属变脆，反而易于产生裂纹。

表面层残余应力对疲劳强度也有很大影响。当表面层存在残余压应力时，能延缓疲劳裂纹的扩展，提高零件的疲劳强度；当表面层存在残余拉应力时，容易使零件表面产生裂纹，从而降低其疲劳强度。

（3）零件表面质量对零件耐蚀性的影响　零件的耐蚀性在很大程度上取决于零件的表面粗糙度。零件表面越粗糙，凹谷越深，越容易沉积腐蚀性介质而产生腐蚀。因此，减小零件表面粗糙度值，可以提高零件的耐蚀性。

零件表面层的残余压应力和一定程度的硬化有利于阻碍表面裂纹的产生和扩展，因而有利于提高零件的耐蚀性，而表面残余拉应力则降低零件的耐蚀性。

（4）零件表面质量对配合性质及其他性能的影响　零件表面粗糙度还会影响配合精度和配合性质。在间隙配合中，零件表面粗糙度将使配合件表面的凸峰被挤平，从而增大配合间隙，降低配合精度；在过盈配合中，则将使配合件间的有效过盈量减小甚至消失，影响了配合的可靠性。因此，对有配合要求的表面，必须规定较小的表面粗糙度值。

在过盈配合中，如果表面硬化严重，将可能造成表层金属与内部金属脱离的现象，从而破坏配合的性质和精度。表面层残余应力过大，将引起零件变形，使零件的几何尺寸改变，也将影响配合精度和配合性质。

表面质量对零件的其他性能也有影响，例如，减小零件的表面粗糙度值，可以提高密封性能，提高零件的接触刚度，降低相对运动零件的摩擦因数，从而减少发热和功率损耗、减少设备的噪声等。

二、表面质量的影响因素

1. 影响表面粗糙度的工艺因素

影响表面粗糙度的工艺因素主要有几何因素、物理因素两个方面。

（1）几何因素　切削加工表面粗糙度的值主要取决于切削残留面积的高度。残留面积高度与工件每转进给量、刀尖圆弧半径、主偏角、副偏角等有关。减小进给量、主偏角和副偏角，增大刀尖圆弧半径，均能降低表面粗糙度值。

(2) 物理因素 切削加工后表面轮廓与纯几何因素所形成的理想轮廓往往有着较大差别，这主要是因为在加工过程中还存在塑性变形等物理因素的影响。物理因素的影响一般比较复杂，与加工表面形成过程有关。

机械加工中，凡是影响残留面积、积屑瘤、鳞刺和振动的因素都会影响表面粗糙度，主要有切削刀具、切削用量、工件材料和其他物理因素。

1）切削刀具的几何形状、材料及刃磨质量。减小刀具主偏角、副偏角的值，增大刀尖圆弧半径，均能有效地降低加工表面粗糙度值。另外，适当增大刀具的前角，减少切屑的塑性变形，对降低加工表面粗糙度值也十分有利。刀具材料与刃磨质量对产生积屑瘤、鳞刺等现象影响很大。如用金刚石车刀精车铝合金时，由于摩擦因数小，刀具上就不会产生切屑黏附、冷焊现象，对降低表面粗糙度值十分有利。

2）切削用量。切削用量中切削速度和进给量对表面粗糙度的影响较大，背吃刀量对表面粗糙度影响不显著。

减少进给量可以减小切削残留面积高度，有利于降低表面粗糙度值。

切削速度是影响表面粗糙度的重要因素。一般情况下，切削速度较低时，切削刃上不易出现积屑瘤和鳞刺，有利于降低加工表面粗糙度值。较高的切削速度不仅有利于提高加工效率，还有利于降低表面粗糙度值。但用中等速度切削塑件材料时，易于产生积屑瘤、鳞刺，从而造成工件表面粗糙度值变大。

背吃刀量对表面粗糙度影响不显著，可以忽略。但当背吃刀量过小时，刀具将较难切入工件，易发生刀具与工件挤压与摩擦，造成表面粗糙度值变大。

3）工件材料。工件材料的韧性和塑性变形倾向越大，切削加工后的表面粗糙度值越大。如低碳钢的工件，加工后表面粗糙度值就高于中碳钢工件。而材料硬度对表面粗糙度的影响可通过热处理工艺改善。

4）其他物理因素。如冷却条件及工艺系统的抗振性等。工艺系统的低频振动，一般会在工件的已加工表面上产生波度；工艺系统的高频振动将会对已加工表面的表面粗糙度产生影响。因此，应确保工艺系统有足够的刚度和采取积极的消振及减振措施，如适当增加阻尼、接触刚度等。此外，合理选用冷却润滑液，以提高冷却润滑效果，可抑制积屑瘤和鳞刺的形成，减小切削过程中的塑性变形，有利于降低表面粗糙度值。

2. 影响材料表面物理力学性能的工艺因素

影响材料表面物理力学性能的工艺因素有表面层残余应力、加工硬化和金相组织变化与磨削烧伤。在机械加工中，这些影响因素的产生，主要是工件受到切削力和切削热作用的结果。

(1) 表面层残余应力 切削过程中金属材料的表面层组织发生形状变化和组织变化时，在表面层金属与基体金属交界处将会产生相互平衡的弹性应力，该应力就是表面层残余应力。零件表面层若存在残余压应力，可提高工件的疲劳强度和耐磨性；若存在残余拉应力，就会降低疲劳强度和耐磨性。如果残余应力值超过了材料的疲劳强度极限，还会使工件表面层产生裂纹，加速工件的破损。

残余应力的产生，主要与下面几个因素有关。

1）冷塑性变形的影响。切削过程中，表面层材料受切削力的作用引起塑性变形，使工件材料的晶格拉长和扭曲。由于原来晶格中的原子排列是紧密的，扭曲之后，金属的密度下降，比容增加，造成表面层金属体积发生变化，于是基体金属受其影响而处于弹性变形状态。切削力去掉后，基体金属趋向复原，但受到已产生塑性变形的表面层金属的牵制而不得复原，由此而产生残余应力。通常表面层金属受刀具后刀面的挤压和摩擦影响较大，其作用使表面层产生冷态塑性变形，表面层金属体积变大，但受基体金属的牵制而产生了残余压应力，而基体金属存在残余拉应力，表、里有部分应力相平衡。

2）热塑性变形的影响。工件加工表面在切削热作用下产生热膨胀，此时基体金属温度较低，因此表面层金属的热膨胀受到基体的限制而产生热压缩应力。当表面层金属的应力超过材料的弹性变形范围时，就会产生热塑性变形。当切削过程结束时，温度下降至与基体金属温度一致的过程中，表面层金属的冷却收缩造成了表面层的残余拉应力，基体金属则产生与其相平衡的压应力。

3）金相组织变化的影响。切削加工时，切削区的高温将引起工件表面层金属的相变。金属的金相组织不同，其密度也不同，一般马氏体的密度最小，为 7.75g/cm^3；奥氏体的密度最大，为 7.96g/cm^3；珠光体的密度为 7.78g/cm^3；铁素体密度为 7.88g/cm^3。以淬火钢磨削为例，淬火钢原来的组织是马氏体，磨削后，表面层可能回火并转化为接近珠光体的屈氏体或索氏体，密度增大而体积减小，工件表面层产生残余拉应力，里层产生压应力。当磨削温度超过 Ac_3 线时，由于受到切削液的急冷作用，表面层可能产生二次淬火马氏体，其体积比里层的回火组织大，因而表面层产生压应力，里层回火组织产生拉应力。

加工后表面层的实际残余应力是以上三方面原因综合的结果。在切削加工时，切削热一般不是很高，此时主要以塑性变形为主，表面层残余应力多为压应力。磨削加工时，通常磨削区的温度较高，热塑性变形和金相组织变化是产生残余应力的主要因素，所以表面层产生残余拉应力。

（2）表面层加工硬化　机械加工过程中，由于切削力的作用，被加工表面产生强烈的塑性变形，加工表面层晶格间剪切滑移，晶格严重扭曲、拉长、纤维化以及碎化，造成加工表面层强度和硬度增加。这种现象称为加工硬化，也称为冷作硬化或冷硬。切削力越大，塑性变形越大，硬化程度也越大。表面硬化层的深度有时可达 0.5mm，硬化层的硬度比基体金属硬度高 1~2 倍。

塑性变形是由于晶粒沿滑移面滑移而形成的，晶粒滑移时在滑移平面间产生小碎粒，增加了滑移平面的粗糙度，起到了阻止继续滑移的作用，塑性变形中，碎晶间相互机械啮合和嵌镶的情况增加，使晶粒间的相对滑移更加困难。这就是金属在切削力的作用下产生塑性变形时，形成冷硬、降低塑性、提高强度和硬度的原因。

应当指出，表面层金属在产生塑性变形的同时，还产生一定热量，使金属表面层温度升高。当温度达到（0.25~0.3）$T_{熔}$范围时，就会产生冷硬的回复，回复作用的速度取决于温度的高低和冷硬程度的大小。温度越高，冷硬程度越大，作用时间越长，回复速度越快。因此在冷硬进行的同时，也进行着回复。

影响冷作硬化的主要因素如下。

1）切削用量。切削用量中切削速度和进给量的影响最大。当切削速度增大时，刀具与工件接触时间短，塑性变形程度减小。一般情况下，切削速度增大时温度也会增高，因而有助于冷硬的回复，故硬化层深度和硬度都有所减小。当进给量增大时，切削力增加，塑性变形也增加，硬化现象加强；当进给量较小时，由于刀具刃口圆角在加工表面单位长度上的挤压次数增多，硬化程度也会增大。

2）刀具。刀具的刃口圆角大、后刀面的磨损、前后刀面不光洁都将增加刀具对工件表面层金属的挤压和摩擦作用，使得冷硬层的程度和深度都增加。

3）工件材料。工件材料的硬度越低，塑性越大，切削后的冷硬现象越严重。

(3) 表面层金相组织变化与磨削烧伤　机械加工时，在工件的加工区及其附近区域将产生一定的温升。对于切削加工而言，切削热大都被切屑带走，其影响不太严重。但在磨削加工时，由于磨削速度很高、磨削区面积大以及磨粒的负前角的切削和滑擦作用，加工区域会达到很高的温度。当温度达到相变临界点时，表面层金属就会发生金相组织变化，产生极大的表面层残余应力，强度和硬度降低，甚至出现裂纹。这种现象称为磨削烧伤。烧伤严重时，表面层会出现黄、褐、紫、青等烧伤色，这是工件表面在瞬时高温下产生的氧化膜颜色。不同的烧伤颜色，表明工件表面受到的烧伤程度不同。

磨削淬火钢时，若磨削区温度超过相变温度 Ac_3，则马氏体转变为奥氏体，如果这时无切削液，则表层金属的硬度将急剧下降，工件表面层被退火，这种烧伤称为退火烧伤。干磨时，很容易出现这种现象。若磨削工区的温度使工件表面层的马氏体转变为奥氏体时，具有充分的切削液进行冷却，则表面层金属因急冷，形成二次淬火马氏体，硬度比回火马氏体高，但很薄，只有几微米厚，而表面层之下的是硬度较低的回火索氏体和屈氏体。二次淬火层很薄，表面层的硬度总体来说是下降的，因此也认为是烧伤，称为淬火烧伤。如磨削区的温度未达到相变温度，但已超过了马氏体的转变温度（一般为 350℃以上），这时马氏体将转变成硬度较低的回火屈氏体或索氏体，称为回火烧伤。三种烧伤中，退火烧伤最严重。

磨削烧伤使零件的使用寿命和性能大大降低，有些零件甚至因此而报废，所以磨削时应尽量避免烧伤。引起磨削烧伤直接的因素是磨削温度，大的磨削深度、过高的砂轮线速度，是引起零件表面烧伤的重要因素。此外，零件材料也是不能忽视的一个方面。一般而言，热导率低、比热容小、密度大的材料，磨削时容易烧伤。使用硬度太高的砂轮，也容易发生烧伤。

避免烧伤主要是设法减少磨削区的高温对工件的热作用。磨削时采用冷却效果好的切削液，能有效地防止烧伤；合理地选用磨削用量、适当地提高工件转动的线速度，也是减轻烧伤的方法之一，但过大的工件线速度会影响工件表面粗糙度；选择和使用合理硬度的砂轮，无疑也是减小工件表面烧伤的一条途径。

三、提高加工表面质量的途径

随着科学技术的发展，人们对零件表面质量的要求越来越高，对精密加工的研究也越来越深入，但效果还不很明显。就目前而言，提高表面质量的加工方法大致可以分为两大类：一类是采用低效率、高成本的工艺措施，并通过实验，寻求各工艺参数的最佳组合，以减小工件的表面粗糙度；另一类是着重改善工件表面的物理力学性能，以提高工件的表面质量。

1. 减小表面粗糙度的工艺途径

(1) 超精密切削和低表面粗糙度磨削加工

1）超精密切削。超精密切削是指表面粗糙度为 $Ra0.04\mu m$ 以下的切削加工方法。

超精密切削加工最关键的问题是要切除微薄的切削层，这是一种超微量的切除技术。在最后一道加工工序中，就必须做到能够切除 $0.1\mu m$ 的表面层。要切除如此微薄的金属层，最主要的问题是刀具的锋利程度，一般用切削刃的钝圆半径 r_n 的大小表示切削刃的锋利程度，r_n 越小，切削刃越锋利，切除微小余量就越顺利。由钝圆半径 r_n 和切削厚度 a_p 的关系可知，当 $r_n>a_p$ 时，将不能进行切削。因此在切削厚度只有几微米或不到1微米时，r_n 也必须精研到微米级的尺寸，并要求刀具有足够的寿命，以维持其锋利程度。目前也只有金刚石刀具才能达到要求。超精密切削时，进给量要小，切削速度要非常高，才能保证工件表面上的残留面积小，从而获得极低的表面粗糙度值。

超精密切削加工，对机床、刀具的要求很高。对机床而言，要求主轴和导轨是液体静压式或空气静压式的；主轴的轴线回转精度高达0.1μm；机床上的部件移动要极为平稳；机床上要有进给量为0.1μm的微进装置；设备要装在恒温室里，并有隔振设施。对刀具而言，要求刀具刃口部分光洁，不能黏附有积屑瘤和其他附着物，不能有太大的磨损，刃口部分不能有微观缺陷等；否则，刀具会把自身的缺陷复映到工件上，使工件达不到加工要求。

超精密切削加工的刀具要经过精细研磨，被加工的工件表面不能有如气孔、杂质等微小缺陷。由于金刚石与钢、铸铁之间的亲和力较大，切削时切屑会黏结在刀尖上，所以黑色金属经精密加工后，表面粗糙度会受到影响。

2）低表面粗糙度磨削加工。一般来讲，低表面粗糙度磨削，可以代替光整加工，在替代过程中，除设备精度之外，磨削用量的选择也非常重要。但在选择时，参数之间又往往相互矛盾和相互排斥。例如：为了降低表面粗糙度值，砂轮应修得细一些，但却由此而引起烧伤；为了避免烧伤，得将工件转速加快，但又会增加表面粗糙度且易引起振动；采用小磨削用量有利于工件表面质量的提高，但又降低了生产率而增加了生产成本，而且不同的材料其磨削性能也不一样，所以光凭经验或手册是不够的，而应该先通过经验或手册初选数据磨削试件，然后通过检查试件的金相组织、微观硬度来判断表面层金属的热损伤情况，由此不断调整磨削用量，直至最后确定出最佳的磨削用量参数并编入工艺文件。

近年来国内外对磨削用量最佳化（优化）做了不少研究工作，对高表面质量、无烧伤、无裂纹、无残余应力、动态稳定性好、低成本、高切除率等，进行了富有成效的探讨，分析了磨削用量与磨削力、磨削热之间的关系，并用图表表示各参数的最佳组合。

（2）采用超精加工、珩磨、研磨等方法作为终工序加工　超精加工、珩磨等都是利用磨条以一定压力压在加工表面上，并做相对运动以降低表面粗糙度和提高精度的方法，一般用于表面粗糙度 Ra 为0.4μm以下的表面加工。由于切削速度低，压强小，所以发热少，不易引起热损伤，并能产生残余压应力。

超精加工、珩磨等工艺都是靠加工表面自身定位，因此机床结构简单，精度要求不高，容易实现多工位、多机床操作，因此生产率较高，成本较低，在大批量生产中，这些特点更为明显，因此应用很广泛。

1）珩磨。珩磨用于加工直径15~150mm的通孔，也可以用于加工深孔和不通孔。

① 珩磨的机理。珩磨头的旋转运动和往复运动的合成运动在工件表面上产生了交叉而又不重复的网纹式磨粒轨迹，磨粒起到刮擦、耕犁和切削的作用。

② 珩磨的工艺参数。常用磨料有碳化硅、刚玉和金刚石，以人造树脂为粘结剂。树脂具有一定的弹性，寿命较长，在高压下仍能保持良好的切削性能。

珩磨余量一般很小，工件需要经过如金刚镗等精细加工，然后才能进行珩磨。

磨粒轨迹是交叉而又不重复的网纹，磨粒的颗粒很细，每颗磨粒的切深又很小，因此能使加工表面的表面粗糙度值达到 $Ra0.4 \sim 0.02\mu m$。又因磨削速度低、余量小且有大量的切削液进行冷却，因此磨削力小、温度低、传入工件的热量少，所以不易产生烧伤。由于磨条是以径向弹簧力压向加工表面，所以孔径小处因压力大而多磨去一些金属，孔径大处因压力小而少磨去一些金属，由此提高了加工表面的形状精度。一般珩磨后的孔的圆度误差为 0.003~0.005mm，尺寸公差等级可达到 IT4~IT6。

珩磨是以被加工孔本身定位，珩磨头必须浮动地连接在机床主轴上，因此珩磨加工也就不能纠正位置误差，位置精度需由珩磨前的工序加以保证。

加大磨条对孔壁的压力有利于提高生产率，但会增加磨条的消耗并增大工件的表面粗糙度值，根据试验，有效的珩磨压强为：对珩磨铸铁，粗珩取 $50 \sim 100N/cm^2$，精珩取 $20 \sim 50N/cm^2$；对珩磨钢料，粗珩取 $80 \sim 240N/cm^2$，精珩取 $40 \sim 80N/cm^2$ 或更低。

珩磨头的转速和轴向往复速度是珩磨中的重要参数。转速高，表面粗糙度值低；往复速度大，生产率高。转速和往复速度的比值不同将影响切削纹路的轨迹和交叉角。

为了及时排出切屑和冷却工件，必须进行充分冷却润滑。通常珩磨铸铁和钢时采用煤油冷却，精珩时再加 10%润滑油；珩磨青铜可以干珩或采用水冷却。切削液必须充分灌注到加工表面，并且应该经过严格的过滤以防止硬粒划伤已加工表面。

2）研磨。研磨是利用研具和工件的相对运动在研磨剂的作用下对工件进行切削加工的光整加工方法。研磨可达到很高的尺寸精度（$0.1 \sim 0.3\mu m$）和很光洁的表面（$Ra0.04 \sim 0.01\mu m$），而且几乎不产生残余应力和强化等缺陷，但研磨的生产率很低。

研磨的加工范围很广，如外圆、内孔、平面或成形表面等。

① 研磨的机理。研具在一定的压力下与加工表面做复杂的相对运动。研具和工件之间的磨粒、研磨剂在相对运动中分别起着机械切削作用和物理化学作用，从而切去极微薄的一层金属。研磨剂中所加的 2.5%左右的油酸或硬脂酸吸附在工件表面形成一层薄膜。研磨过程中，表面上的凸峰最先被研去而露出新的金属表面，新的金属表面又很快生成氧化膜，氧化膜又很快被研去，直至凸峰被研平。表面凹处由于吸附薄膜起到了保护作用，不容易氧化而很难被研掉。

研磨中研具和工件之间起着相互对照、相互纠正、相互切削的作用，使尺寸精度和形状精度都能达到很高的程度。研磨分手工研磨和机械研磨。

② 研磨的工艺参数。研磨余量在 0.01~0.03mm 范围内，如果表面质量要求很高，必须进行多次粗、精研磨。研磨的压强越大，生产率越高，但工件表面粗糙度值增大；相对速度增加可提高生产率，但很容易引起工件发热。一般研磨压强取 $10 \sim 40N/cm^2$，相对滑动速度取 10~50m/min。

常用的磨具材料是比工件材料软的铸铁、铜、铝、塑料和硬木。研磨液以煤油和机油为主，并加入 2.5%的硬脂酸或油酸。

3）超精加工。超精加工也称为超精研，是一种用细粒度磨条进行磨削的光整加工方法。工件既做旋转运动又做往复运动，磨条在一定的压力之下不断地左右摆动，这些运动的合成，使磨条上的砂粒在加工表面上磨出极细微的不重复的复杂轨迹，这些磨迹呈交叉网纹，切去了加工表面的全部凸峰，从而获得 Ra 为 $0.04\mu m$ 以下的光洁表面。

超精加工时，磨条的振动频率为 500~600 次/min，预加工取大值，终加工取小值；磨条的振动幅值取 2~4mm，预加工时取大值，终加工取小值。

超精加工时工件的线速度一般取 6~30m/min，纵向进给速度取 0.1~0.8mm/r。

磨条对工件的压强不宜过高，否则切削中不易形成油膜，使加工后的表面粗糙。但也不宜过低，否则磨粒不能刺破油膜而起不到切削作用。压强一般取 $10 \sim 40\mathrm{N/cm^2}$。

超精加工中的切削液是煤油和锭子油的混合液。

4）抛光。抛光是利用布轮、布盘等软性器具涂上抛光膏来抛光工件表面的。它利用抛光器具的高速旋转，靠抛光膏的机械刮擦和化学作用去除掉工件表面粗糙度的顶峰，使工件表面光泽。抛光时，一般不去除加工余量，因而不可能提高工件的精度，甚至有时还会损坏上道工序已获得的精度，抛光也不能降低零件的形状位置误差。经抛光后，表面层的残余拉应力会有所减少。

2. 改善表面物理力学性能的加工方法

改善表面物理力学性能的加工方法也称为无屑光整加工，它包括滚压加工、金刚石压光、钢球强化和挤孔等几种加工方法，最常用的是滚压加工和金刚石压光两种。

滚压加工和金刚石压光是利用滚压工具和金刚石压光器，在常温状态下对零件表面施加一定的压力，使金属表面产生塑性变形，微观凸峰被压平，从而减小被加工表面的表面粗糙度值。加工后一般可使表面粗糙度值由 $Ra3.2 \sim 1.6\mu m$ 降低到 $Ra0.4 \sim 0.02\mu m$；表面层中还会产生压应力，使零件的耐疲劳性能也得以提高，从而提高零件的使用性能和寿命。这类方法的设备费用较低，对操作者的技术要求不高，可以取得较好的经济效益。

（1）滚压加工　滚压加工时，用自由旋转的滚子对加工表面施加压力，使其产生塑性变形，用工件表面上的“峰”去填充“谷”。滚压加工可加工外圆、内孔和平面等不同表面。滚压加工工序常安排在精车后或粗磨后进行，其效果与工件材料、滚压前表面状态、滚压工具和滚子表面性能及采用的工艺参数有关。滚轮用硬质合金制成，其型面在装配前需经过粗磨，装配后再进行精磨。孔的滚压加工更为普遍，不少工厂采用滚压加工代替珩磨而作为终加工工序。

（2）金刚石压光　金刚石压光是一种用金刚石工具挤压加工表面的新工艺，在国外已在精密仪器制造业中得到较广泛的应用。压光后的零件表面粗糙度可达 $Ra0.4 \sim 0.02\mu m$，耐磨性比磨削后的高 1.5~3 倍，但比研磨后的要低 20%~40%，而生产率却比研磨高得多。其加工精度与上道工序的加工精度、压光器的结构形式有关。一般情况下，工件压光前后的尺寸相差无几。这种方法可以光整加工碳钢、合金钢和铜、铝等有色金属，还可以加工电镀过的表面以改善电镀层的物理力学性能和减小表面粗糙度。

金刚石压光用的机床必须是高精度机床，至少也是精度比较好的普通级机床。它要求机床刚性好、抗振性好，以免损坏金刚石。此外还要求机床主轴精度高，径向圆跳动、轴向圆跳动在 0.01mm 以内；主轴转速能在 2500~6000r/min 的范围内无级调速；机床主轴运动与进给传动要分离，以保证压光的表面质量。

喷丸强化和液体磨料强化均属于无屑光整加工的方法，这些方法也能明显地提高零件的表面质量。

【任务实施】

通过学习本章，学生应了解影响加工精度（尺寸精度、形状精度、位置精度）的因素包括加工原理误差、机床几何误差、刀具夹具的磨损与制造误差、工艺系统的调整误差、工艺系统受力变形引起的误差、工艺系统的热变形引起的误差等。提高加工精度的方法大致有减少误差法、转移误差法、误差分组法、误差平均法、就地加工法及误差补偿法等。

影响表面粗糙度的工艺因素主要有几何因素、物理因素两个方面。可以通过减小进给量、主偏角和副偏角，增大刀尖圆弧半径，合理选用切削液等方法降低表面粗糙度值。

【知识与能力测试】

一、填空题

1. 工艺系统包括________、________、________和________。
2. 零件的加工精度包括________、________和________。
3. 机床几何误差包括________、________和________。
4. 机床主轴回转误差包括________、________和________。
5. 零件表面物理力学性能包括________、________和________。

二、判断题

1. 车外圆时产生圆柱度误差（锥体），可能是由于机床主轴回转误差引起的。(　　)
2. 表面粗糙度数值越小越耐磨。(　　)
3. 减少进给量可以减小切削残留面积高度，有利于表面粗糙度值降低。(　　)
4. 表面冷作硬化程度越高，零件的耐磨性越高。(　　)
5. 采用合理的措施可以彻底消除加工误差。(　　)

三、综合题

1. 原始误差包括哪些内容？
2. 机床导轨误差怎样影响加工精度？
3. 举例说明工艺系统由于受力变形会对加工精度产生怎样的影响？
4. 工艺系统的热源主要有哪些？
5. 在车床上采用双顶尖装夹加工细长轴零件，加工后发现中间粗、两端细，试分析可能的原因及解决办法。

第六章　工件在机床上的装夹

【知识与能力目标】

1）了解机床夹具的基本概念。
2）掌握常用的定位元件的结构特点及应用。
3）熟悉工件在夹具中的定位误差分析与计算。
4）掌握基本夹紧机构的工作特性。
5）培养学生查阅“设计手册”和资料的能力，初步具备基本定位装置的设计能力。
6）培养创新精神、创新思想、创新素质和创新能力。

【课程思政】

大国工匠——张冬伟

LNG船被称为“海上超级冷冻车”，运载存储在-163℃低温下的液化天然气，漂洋过海。LNG船上殷瓦手工焊接是世界上难度最高的焊接技术。殷瓦钢薄如纸张，极易生锈，在焊接时，不能碰到一颗汗珠、一个手印，如果焊缝上出现哪怕一个针眼大小的漏点，就有可能造成整船的天然气发生爆炸。3.5米，走路可能只需要4秒钟，而张冬伟焊完一条这样长度的焊缝却需要整整五个小时。张冬伟说：“我烧出来的焊缝基本上能够辨认出来，都是一次成型的，像鱼鳞一样比较均匀，我个人追求就是像绣花一样，一针一针一针很均匀的。”

张冬伟的师父秦毅，是我国第一位掌握殷瓦焊接技术的焊工。最初，外国专家并不看好中国人能掌握这项技术。能够在LNG船上进行全位置殷瓦手工焊接的焊工，必须经过国际专利公司GTT的严格考核，考核合格才能上岗工作。结果，张冬伟经过刻苦不懈的努力，成为同届学生里第一个考取合格证书的人，令外国考官都为他竖起了大拇指。每次看到自己焊接的LNG船缓缓驶向大海时，所有的辛苦和汗水都是值得的，内心充满自豪。

【任务导入】

图 6-1 所示为支座工序简图。本工序要求钻 2×M8 螺纹孔，钻、扩、铰 ϕ8H8 孔，其余表面均已加工合格，试确定支座零件的装夹方案。

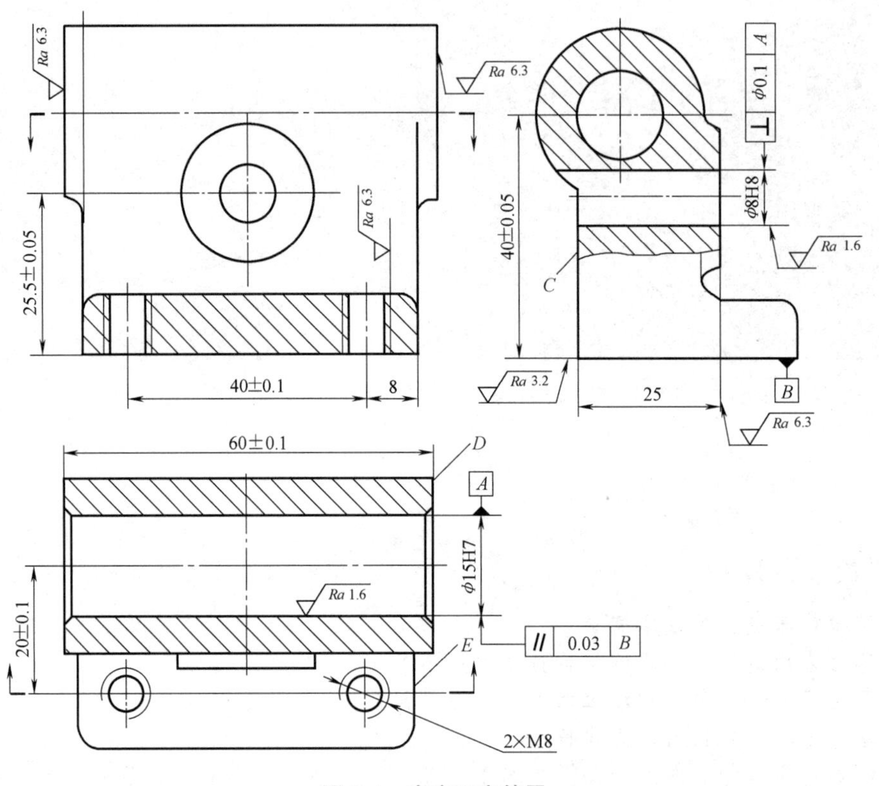

图 6-1　支座工序简图

第一节　机床夹具概述

一、机床夹具的概念

在机械加工过程中，为了保证加工精度，首先要使工件在机床上占有正确的位置，确定工件在机床上或夹具中占有正确的位置的过程，称为工件的定位。定位后将其固定，使其在加工过程中始终保持定位位置不变的操作称为夹紧。工件在机床或夹具上定位、夹紧的过程称为工件的装夹。用以装夹工件的装置称为机床夹具，简称夹具。

二、机床夹具的分类

在现代生产中，机床夹具是一种不可缺少的工艺装备，它直接影响着工件加工的精度、劳动生产率和产品的制造成本等。机床夹具的种类繁多，可以从不同的角度对其进行分类。常用的分类方法有以下几种。

1. 按使用范围分

根据夹具在不同生产类型中的通用特性，按使用范围分，机床夹具可分为通用夹具、专用夹具、可调夹具、组合夹具和随行夹具五大类。

（1）通用夹具　通用夹具是指已经标准化了的夹具，适用于不同工件的装夹。如自定心卡盘、单动卡盘、平口钳、分度头和回转工作台等，如图 6-2 所示，这些夹具已经作为机床附件，可以充分发挥机床的使用性能。因此，通用夹具使用范围广泛，无论是大批大量生产，还是单件小批量生产都广泛地使用通用夹具。

图 6-2　常见通用夹具

a）自定心卡盘　b）单动卡盘　c）平口钳　d）分度头　e）回转工作台

（2）专用夹具　专用夹具是指为加工某一零件、某一道工序专门设计的夹具。专用夹具结构紧凑，针对性强，使用方便，但设计制造周期长，制造费用高，需要库房保存。当产品变更时，专用夹具常会因无法再用而“报废”。因此，专用夹具只用在成批和大量生产中。

（3）可调夹具　可调夹具是把通用夹具和专用夹具相结合，通过少量零件的调整、更换以适应某些零件加工的夹具。根据加工范围的宽窄，可调夹具可分为以下两种类型：

1）通用可调夹具。通用可调夹具指经调整、更换某些元件后可获得较宽加工范围的可调夹具。

2）专用可调夹具。专用可调夹具又称为成组夹具，是指经调整、更换某些元件后其加工范围较窄的可调夹具。它是专门为成组加工工艺中某一组零件而设计制造的。

可调夹具在多品种，中、小批工件的生产中被广泛采用。

【提示】　可调夹具是由基本部分和可调部分组成的。基本部分即通用部分，它包括夹具体、动力装置和操纵机构；可调部分即专用部分，是为某些工件或某族工件专门设计的，它包括定位元件、夹紧元件和导向元件等。

（4）组合夹具　组合夹具是指按某一工件的某道工序的加工要求，由一套事先准备好的通用标准元件和组件组合而成的夹具，如图 6-3 所示。标准元件包括基础件、支承元件、定位元件、导向元件、夹紧元件、紧固元件、辅助元件和组件八类。这些元件相互配合部分尺寸精度高、硬度高及耐磨性好，并有互换性。用这些元件组装的夹具用完之后可以拆卸存放，重新组装新夹具时可再次使用。采用组合夹具可减轻专用夹具设计和制造的工作量，缩短生产准备周期，具有灵活多变、重复使用的特点，因此，常在多品种、单件小批量生产及新产品试制中使用。

（5）随行夹具　随行夹具是适用于自动线上的一种移动式夹具。工件安装在随行夹具上，随行夹具由自动线运输装置从一个工序运送到另一个工序，完成全部工序的加工。随行夹具用于形状复杂且不规则、又无良好输送基面的工件。一些有色金属的工件，虽具有良好的输送基面，为了保护基面，避免划伤，也采用随行夹具。

2. 按使用机床的类型分

按使用机床的类型分，机床夹具可分为钻床夹具、铣床夹具、车床夹具、磨床夹具、镗床夹具、齿轮机床夹具等。图 6-4 所示为钻铣床夹具。

图 6-3　组合夹具

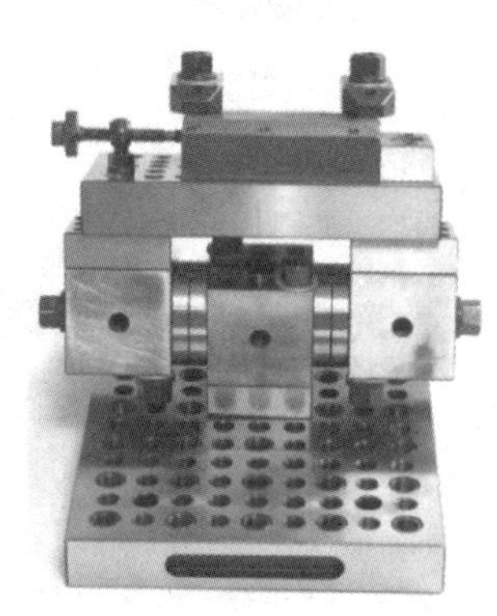

图 6-4　钻铣床夹具

3. 按夹紧动力源分

按夹紧动力源分，机床夹具可分为手动夹具、电磁夹具、液压夹具及气动夹具等。

（1）手动夹具　手动夹具是指以人力将工件定位和夹紧的夹具。图 6-5 所示为手动虎钳夹具。

（2）电磁夹具　电磁夹具是指采用稀土永磁材料，应用现代磁路原理设计的新型夹具，其夹紧力可达 1.5MPa，可用于黑色金属的各种切削加工，装夹方便并能充分暴露表面。图 6-6 所示为电磁吸盘夹具，它主要用于平面磨床和数控加工中心。图 6-7 所示为电磁吸盘夹具在数控加工中心的应用。

图 6-5　手动虎钳夹具

图 6-6　电磁吸盘夹具

（3）液压夹具　液压夹具是以液体压力将工件定位和夹紧的夹具，如图 6-8 所示。

图 6-7　电磁吸盘夹具在数控加工中心的应用

图 6-8　液压夹具

液压夹具主要用于大批量高精度产品的加工，它的主要特点是定位精度高，夹紧稳定可靠，夹紧释放工件时间短，可缩短加工辅助时间，减少人为因素，提高机床效率。图 6-9 所示为液压夹具的应用。

（4）气动夹具　气动夹具是用液压、气动元件代替机械零件实现对工件的定位、支承与夹紧的专用夹具，它主要在高效率、大批量、高精度的生产加工中使用，如图 6-10 所示。

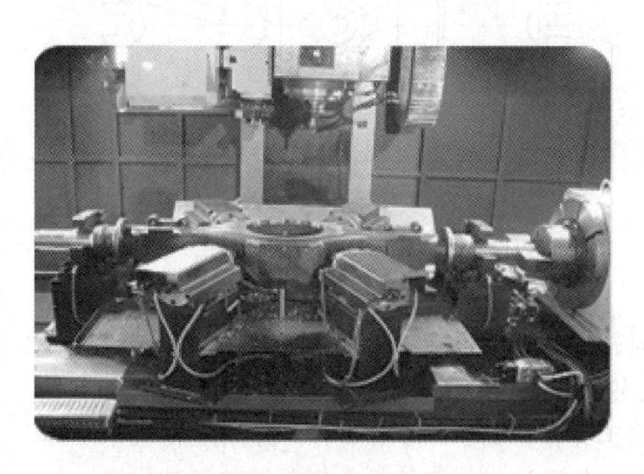

图 6-9　液压夹具的应用

图 6-10　气动夹具

三、机床夹具的组成

机床夹具的种类和结构繁多，但它们一般由定位元件、夹紧装置、对刀或导向元件、连接元件、其他装置或元件以及夹具体等部分组成，为了更好理解机床夹具的基本组成，下面以钻床夹具为例来说明。

【例 6-1】　图 6-11 所示为钻 ϕ6H9 径向孔的钻床夹具。试分析该夹具的基本组成及各组成部分的作用。

分析如下。

本工序（工艺过程的基本单元）要求在轴套零件上按尺寸 ϕ6H9 加工，并保证所钻孔的轴线与工件内孔的中心线垂直相交。工件分别以内孔及端面在定位销 6 及其端面支承上定位，用开口垫圈 4 和螺母 5 夹紧工件；快换钻套 1 用来导引钻头，所有的元件和装置都在夹具体 7 上。夹具在立式钻床上的位置，可通过先找正主轴上装夹的钻头与钻套的位置，然后把其紧固在工作台上。

【例 6-2】 图 6-12 所示为铣销轴端槽的夹具。试分析该夹具的基本组成及各组成部分的作用。

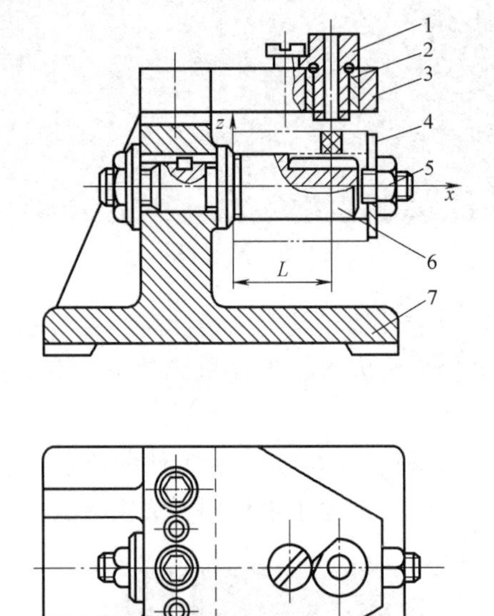

图 6-11　钻 ϕ6H9 径向孔的钻床夹具

1—快换钻套　2—衬套　3—钻模板　4—开口垫圈　5—螺母　6—定位销　7—夹具体

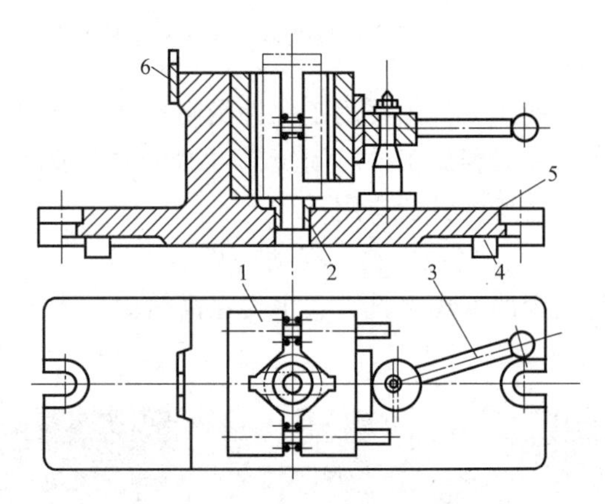

图 6-12　铣销轴端槽的夹具

1—V 形块　2—定位套　3—手柄　4—定位键　5—夹具体　6—对刀块

分析如下。

本工序要求保证槽宽、槽深和槽两侧面对轴线的对称度。工件分别以外圆和一端面在 V 形块 1 和定位套 2 上定位，转动手柄 3，偏心轮推动活动 V 形块夹紧工件。夹具以夹具体 5 的底面及安装在夹具体上的两个定位键 4 与铣床工作台面、T 形槽配合，并固定在机床工作台面上。这样夹具相对于机床占有确定的位置，然后通过对刀块 6 及塞尺调整刀具位置，使刀具相对于夹具占有确定的位置。所有的元件和装置都装在夹具体 5 上。

一般的专用夹具由以下几部分组成：

1. 定位元件

定位元件是用来确定工件在夹具中位置的元件，如图 6-11 中的定位销 6，以及图 6-12 中的 V 形块 1 和定位套 2。

2. 夹紧装置

夹紧装置是用来夹紧工件，使其保持在正确的定位位置上的装置，如图 6-11 中的开口垫圈 4 和螺母 5，以及图 6-12 中的 V 形块 1 和手柄 3。

3. 对刀或导向元件

对刀或导向元件是用来确定刀具位置或引导刀具方向的元件，用于确定刀具在加工前正确位置的元件称为对刀元件，如图 6-12 中的对刀块 6；用于确定刀具位置并引导刀具进行加工的元件称为导向元件，如图 6-11 中的快换钻套 1。

4. 连接元件

连接元件是用来确定夹具和机床之间正确位置的元件，如图 6-12 中的定位键 4。

5. 其他装置或元件

其他装置和元件如分度装置、为便于卸下工件而设置的顶出器、动力装置的操作系统、夹具起吊和搬运用的起重螺栓和起重吊环等。

6. 夹具体

夹具体是将上述装置和元件连成整体的基础件，如图 6-11 中的夹具体 7 和图 6-12 中的夹具体 5。

【提示】 若需加工按一定规律分布的多个表面，常设置分度装置；为了能方便、准确地定位，常设置预定位装置；对于大型夹具常设置吊装元件等。

四、工件的装夹方式

1. 直接找正安装

直接找正安装是用划针或百分表等直接在机床上找正工件的位置，图 6-13a 所示为在磨床上磨削一个与外圆表面有同轴度要求的内孔，加工前将工件装在单动卡盘上，用百分表直接找正外圆，使工件获得正确的位置。图 6-13b 所示为在牛头刨床上加工一个与工件底面、右侧面有平行度要求的槽，用百分表找正工件的右侧面，可确定工件的位置，而槽与底面的平行度则由机床的几何精度来保证。

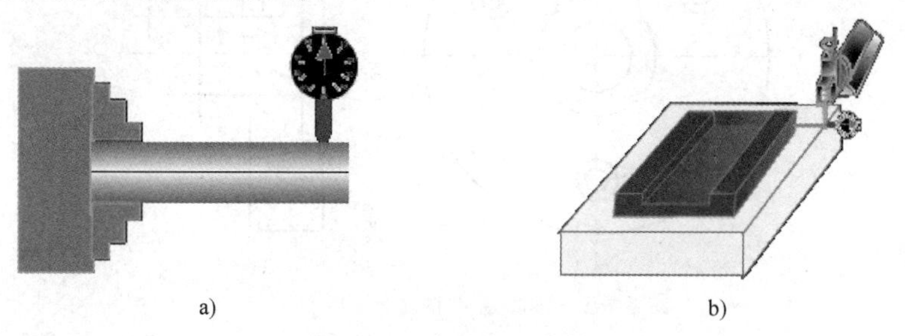

图 6-13　直接找正安装

直接找正安装的精度和工作效率，取决于要求的找正精度、所采用的找正方法、所使用的找正工具和工人的技术水平。此法的缺点是费时较多，因此，一般只适用于工件批量用夹具不经济或工件定位精度要求特别高，采用专用夹具也不能保证，只能用精密量具直接找正定位的场合。

【提示】 直接找正法生产率低，对工人技术水平要求高，一般用于单件、小批量生产中。

2. 划线找正安装

对形状复杂的工件，因毛坯精度不易保证，若用直接找正很难使工件上各个加工面都有足够和比较均匀的加工余量。若先在毛坯上划线，然后按照所划的线来找正安装，则能较好地解决这些矛盾。如图 6-14 所示，此方法要增加划线工序，定位精度也不高。因此，多用于批量小、零件形状复杂、毛坯制造精度较低的场合以及大型铸件和锻件等不宜使用专用夹具的粗加工中。

【提示】 划线找正法生产率低，精度低，且对工人技术水平要求高，一般用于单件、小批量生产中加工复杂而笨重的零件，或毛坯尺寸公差大而无法直接用夹具装夹的场合。

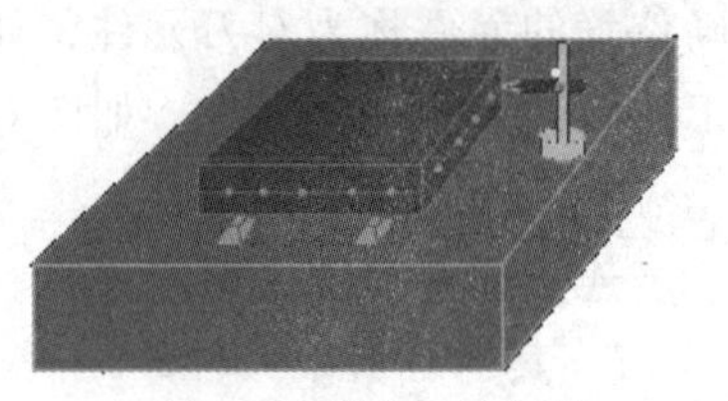

图 6-14 划线找正安装

3. 用专用夹具安装

用专用夹具安装可使工件在夹具中定位并夹紧，不需要进行找正。此方法安装精度较高，而且装卸方便，可以节省大量辅助时间。但制造专用夹具成本高，周期长，因此，适用于成批和大量生产。下面以钻后盖零件上孔的加工找正为例来说明夹具装夹方式。

【提示】 用夹具装夹工件生产率高，定位精度高，但需要设计、制造专用夹具。

【例 6-3】 如图 6-15 所示，成批生产中，钻后盖零件上 ϕ10mm 的孔。保证 ϕ10mm 孔的中心线距后盖零件后端面的距离为（18±0.1）mm，ϕ10mm 孔的中心线与 ϕ30mm 孔的中心线垂直，ϕ10mm 孔的中心线与其下面的 ϕ5.8mm 孔的中心线在同一平面上。试分析该零件在钻床夹具上的装夹过程。

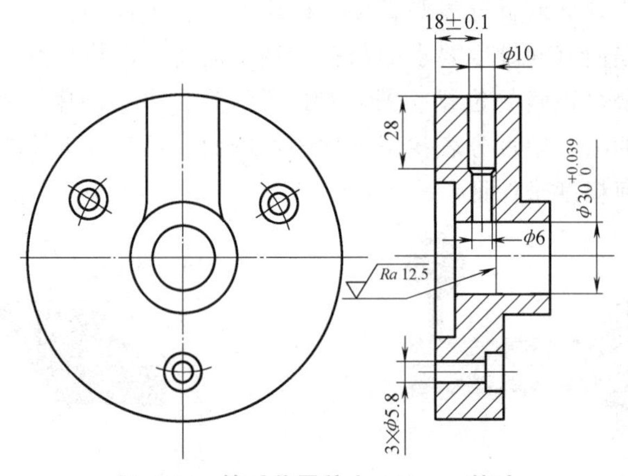

图 6-15 钻后盖零件上 ϕ10mm 的孔

分析如下。

加工 ϕ10mm 孔的钻床夹具示意图如图 6-16 所示。ϕ10mm 孔径尺寸由刀具（钻头）自身的尺寸保证，ϕ10mm 孔的中心线距后盖零件后端面的距离（18±0.1）mm 由支承板 4 保证，ϕ10mm 孔的中心线与 ϕ30mm 孔的中心线垂直由钻套 1 和圆柱销 5 共同保证，ϕ10mm 孔的中心线与其下面的 ϕ5.8mm 孔的中心线在同一平面上由菱形销 9 保证。加工时，拧紧螺母 7 可实现定位；松开螺母 7，拿开开口垫圈 6 可实现快速更换工件。

通过例 6-3，不难看出使用专用夹具装夹工件有如下优点。

1）保证工件加工精度。使用专用夹具装夹工件时，工件相对于刀具及机床的位置精度由专用夹具保证，不受工人技术水平的影响，使一批工件的加工精度趋于一致。

2）提高劳动生产率。使用专用夹具装夹工件方便、快速，工件不需要划线找正，可显著地减少辅助工时，提高劳动生产率；工件在专用夹具中装夹后提高了工件的刚性，因此，可增大切削用量，提高劳动生产率；可使用多件、多工位装夹工件的夹具，并可采用高效夹紧机构，进一步提高劳动生产率。

3）扩大机床的使用范围。在通用机床上采用专用夹具可以扩大机床的工艺范围，充分发挥机床的潜力，达到一机多用的目的。例如，使用专用夹具可以在普通车床上很方便地加工小型壳体类工件，甚至可以在车床上加工油槽，减少了昂贵的专用机床的使用，降低了成本。这对中、小型工厂尤为重要。

4）改善了操作者的劳动条件。由于液压、气动、电磁等动力源在夹具中的应用，一方面减轻了工人的劳动强度，另一方面也保证了夹紧工件的可靠性，并能实现机床的互锁，避免事故，保证了操作者和机床设备的安全。

5）降低了成本。在批量生产中使用专用夹具后，由于劳动生产率的提高、使用技术等级较低的工人以及废品率下降等原因，明显地降低了生产成本。专用夹具制造成本分摊在一批工件上，每个工件增加的成本是极少的。工件批量越大，使用专用夹具所取得的经济效益就越显著。

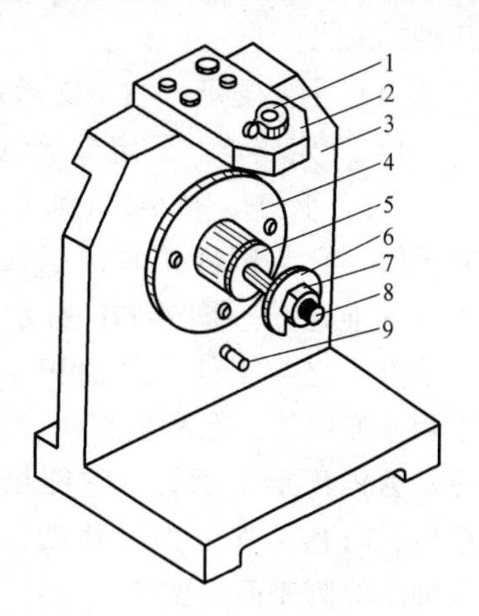

图 6-16　加工 ϕ10mm 孔的钻床夹具示意图

1—钻套　2—钻模板　3—夹具体　4—支承板　5—圆柱销　6—开口垫圈　7—螺母　8—螺杆　9—菱形销

【提示】　专用夹具也有其弊端，如设计制造周期长；因工件直接装在夹具体中，不需要找正工序，因此，对毛坯质量要求较高；所以专用夹具主要适用于生产批量较大，产品品种相对稳定的场合。

第二节　工件的定位

工件在夹具中定位时除了正确应用六点定位原理和合理选择定位基准外，还要合理选择定位元件。各类定位元件结构虽然各不相同，但在设计时应满足以下共同要求：

1）应有足够的精度。定位元件具有足够的精度，才能保证工件的定位精度。

2）应有较好的耐磨性。定位元件的工作表面经常与工件接触和摩擦，容易磨损，因此，要求定位元件工作表面的耐磨性要好，以保持夹具的使用寿命和定位精度。

3）应有足够的强度和刚度。定位元件在加工过程中，受工件重力、夹紧力和切削力的作用，因此，要求其有足够的强度和刚度，避免使用中变形和磨损。

4）应有较好的结构工艺性。定位元件应力求结构简单、合理，便于制造、装配、更换及排屑。

在机械加工中，虽然被加工工件的种类繁多、形状各异，但从它们的基本结构来看，不外乎是由平面、圆柱面、圆锥面及各种成形面组成的。工件在夹具中定位时，可根据各自的结构特点和工序加工精度要求，选取相应的平面、圆面、曲面或组合表面作为定位基准。定位元件工作表面的结构形状，必须与工件的定位基准面形状特点相适应。

一、常见的定位方式及定位元件

1. 工件以平面定位

工件以平面定位所用的定位元件，根据是否起限制自由度的作用和能否调整可分为以下几种：

（1）主要支承　主要支承是指起限制自由度作用的支承。

1）固定支承。固定支承包括各种支承钉和支承板，它们的结构已标准化。

① 支承钉。图 6-17a 所示为平头支承钉，它与工件接触面积大，适用于精基准定位。图 6-17b 所示为圆头支承钉，它与工件接触面积小，适用于粗基准定位，但磨损较快。图 6-17c 所示为锯齿形支承钉，它能增大摩擦系数，防止工件受力后移动，常用于未加工的侧表面定位。

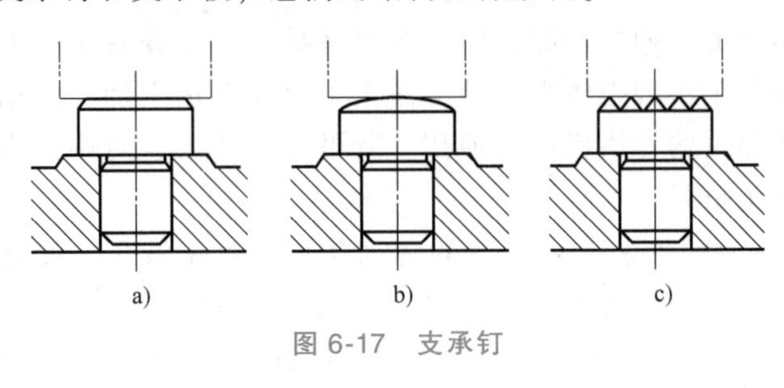

图 6-17　支承钉

② 支承板。在大中型零件用精基准定位时，多采用支承板。如图 6-18 所示，A 型支承板形状简单，便于制造，但沉头螺钉处清除切屑比较困难，适用于顶面和侧面定位；B 型支承板克服了这一缺点，适用于底面定位。

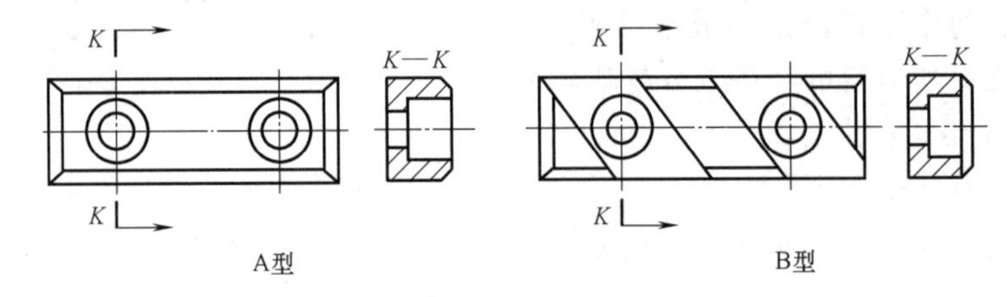

图 6-18　支承板

【提示】　平头支承钉或支承板在安装到夹具体上后，须将工作表面磨平，以保证它们在同一平面上，且与夹具体底面保持必要的位置精度，故须在高度尺寸方向上预留磨量。

2）可调支承。可调支承的支承位置可在一定范围内调整，并用螺母锁紧。当定位基面是成形面、台阶面等，或各批毛坯的尺寸及形状变化较大时，用这类支承。可调支承一般对一批工件只调整一次，调整后它的作用相当于一个固定支承。其典型结构如图 6-19 所示。

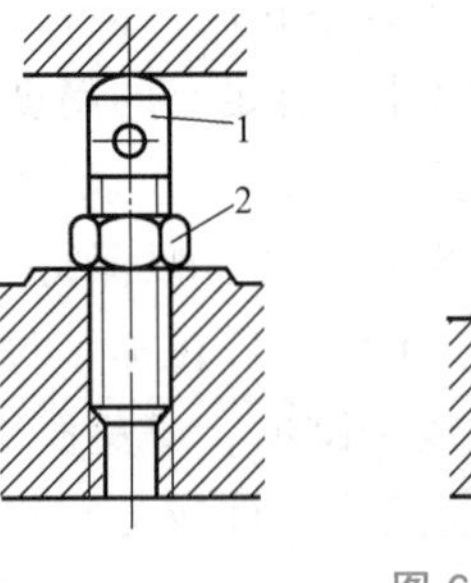

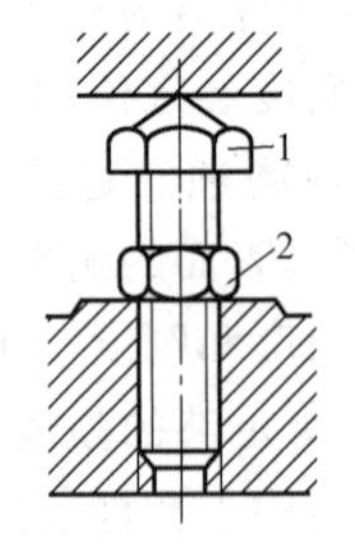

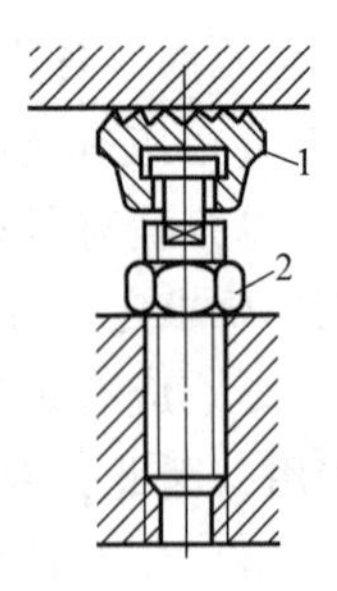

图 6-19　可调支承

1—可调支承螺钉　2—螺母

3）自位支承（浮动支承）。在定位过程中，自位支承的位置是随着定位基准面位置的变化而变化的。因此，即使每一个自位支承与工件不止一点接触，实际上它只能限制一个自由度，即只起一个定位支承点的作用。在夹具设计中，为使工件支承稳定，或为避免过定位，常采用自位支承。图 6-20 所示为常见的几种自位支承的结构。其中，图 6-20a、b 所示为两点自位支承，图 6-20c 所示为三点自位支承。

（2）辅助支承　辅助支承不起定位作用。其典型结构如图 6-21 所示。图 6-21a 所示为螺杆式辅助支承，其结构较为简单，但调节时要转动支承 1，这样可能划伤工件定位面，甚

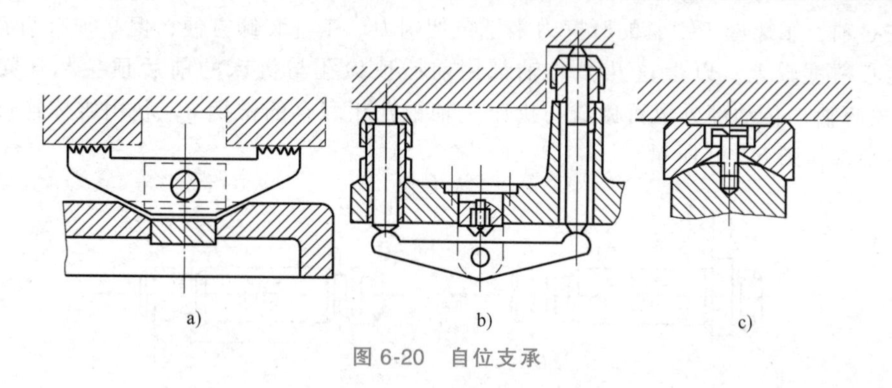

图 6-20　自位支承

至带动工件转动而破坏定位。图 6-21b 所示为螺母式辅助支承，调节时转动螺母 2，支承 1 能做上下直线运动，避免了图 6-21a 中的缺点。但这两种结构动作较慢，拧出时用力不当会破坏工件既定位置，适用于单件、小批量生产。图 6-21c 所示为弹簧自位式辅助支承，靠弹簧 4 的弹力使支承 1 与工件表面接触，作用力稳定（弹簧力不应过大，以免顶起工件脱离支承），支承 1 通过转动手柄 3 推动锁紧销 5，利用斜面锁紧，适用于成批生产。

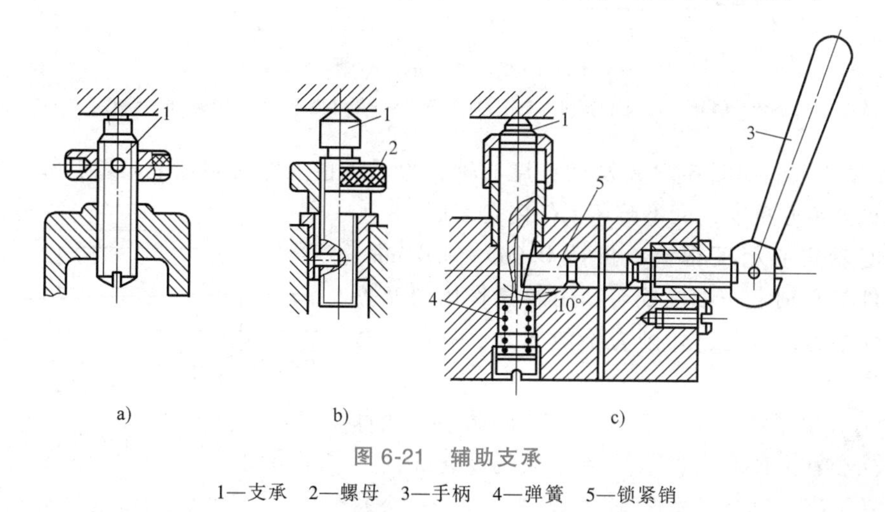

图 6-21　辅助支承

1—支承　2—螺母　3—手柄　4—弹簧　5—锁紧销

【提示】　辅助支承在形式上与可调支承相似，但它们的作用不同，辅助支承对每一个工件都需重新调整，不起定位作用，必须在工件被放到主要支承上后才参与工作。它多用于增加工件的刚度、夹具的刚度以及工件的预定位，有时也用来承受工件的重力、夹紧力或切削力。

2. 工件以圆孔定位

（1）心轴定位　心轴用来定位回转体零件，它的种类很多。

1）圆柱心轴。图 6-22a、b 所示为过盈配合的圆柱心轴，由于要依靠过盈量产生的夹紧力来传递转矩，心轴定位外圆和工件内孔常采用 H7/r6 配合。导向部分 3 与定位孔为间隙配合，便于定位孔开始压入心轴时起正确引导作用。图 6-22a 带有凸肩结构，起轴向定位作用，可限制工件的五个自由度。图 6-22b 不带凸肩结构，只能限制工件的四个自由度，但可同时加工工件的两个端面，在工件压入时需另外采取措施保证轴向位置。过盈配合的心轴容易破坏工件的内孔表面且装卸费时，一般是采用几根心轴交替工作。图 6-22c 所示为间隙配合的圆柱心轴，靠螺母5锁紧的摩擦力来抵抗切削力。工件装卸方便，但必须有凸肩轴向定位，且定心精度较差。以上这几类心轴都用前后顶尖孔与机床的前后顶尖相连接，有时（特别是短心轴）传动部分也可做成与机床主轴锥孔相配合的锥柄6，利用锥体连接，实现定心与传动，如图6-22d所示。

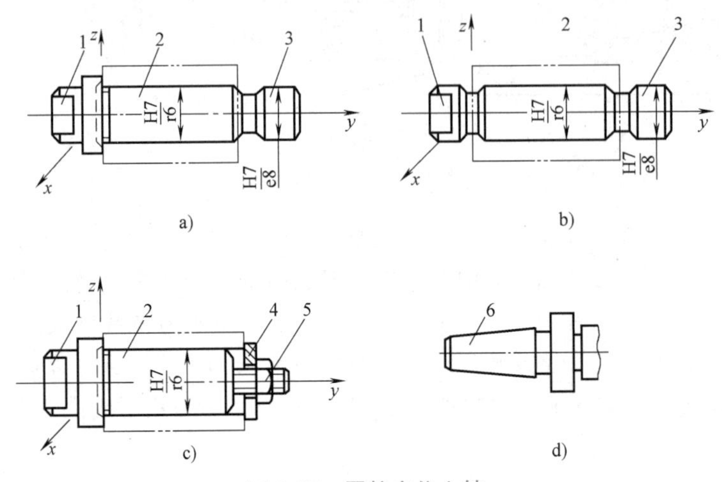

图6-22　圆柱定位心轴

1—传动部分　2—定位部分　3—导向部分　4—开口垫圈　5—螺母　6—锥柄

2）锥度心轴。如图6-23所示的锥度心轴，为了防止工件在心轴上倾斜，故用小锥度，这样可以提高定心精度，又不破坏工件内孔表面。

这种心轴定心精度很高，可达0.005～0.01mm。它是靠工件与心轴上一小段配合，由斜楔作用的摩擦力来抵抗切削力，因此，切削力不能太大，只能在精加工中使用。

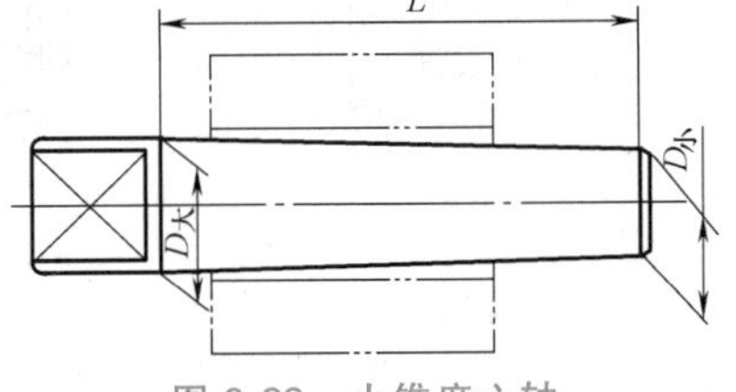

图6-23　小锥度心轴

【提示】　由于锥度小，工件定位孔的微小变化都会使工件在心轴上的轴向位置产生很大的变化，因而工件定位孔的公差等级不能低于IT7。

3）自动定心夹紧装置。工件以圆孔定位常采用自动定心夹紧装置，它可使工件同时定位并夹紧，减少定位和夹紧时间。常用的有弹性心轴，如弹簧夹头（胀胎式）心轴、液性塑料心轴。其特点是定心精度高，工件装卸方便。

（2）定位销　定位销主要用于零件上的中、小孔定位，其直径一般不超过50mm。

定位销有两类：一种是圆柱形定位销，限制两个自由度（短圆柱销）；另一种是菱形销，限制一个自由度（在组合定位中详述）。图6-24所示为各种圆柱形定位销，其中图6-24a用于直径小于10mm的孔，为防止定位销受力折断，其在结构上采用了过渡圆角，这时夹具体上应有沉孔，使定位销圆角部分沉入孔内，而不妨碍定位。图6-24b中的定位销，其肩部不起定位作用，做成带肩部结构便于定位销压入夹具体时确定其轴向位置。图6-24a～c所示均为固定式定位销。大批、大量生产时，为了使定位销磨损后更换方便，可采用图6-24d所示的可换式结构。图6-24e所示为可伸缩的定位销。图6-25所示的菱形定位销。

（3）锥销　图6-26所示为圆孔在锥销上的定位情况，孔端与锥销接触。其中图6-26a

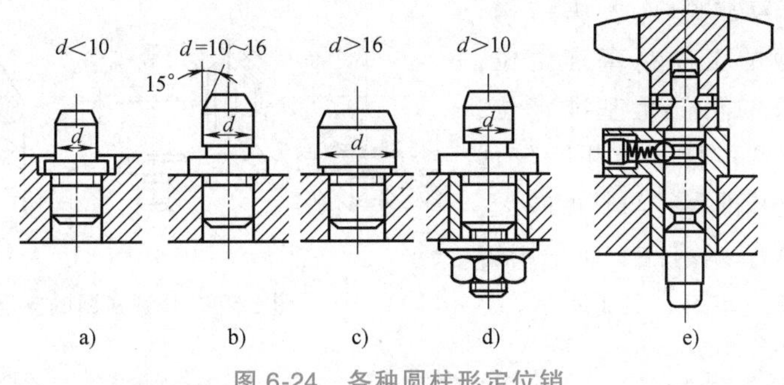

图 6-24　各种圆柱形定位销

所示为固定锥销，限制工件的三个自由度；图 6-26b 所示为活动锥销，限制工件的两个自由度；图 6-26c 所示为固定锥销与活动锥销组合定位，限制工件的五个自由度。

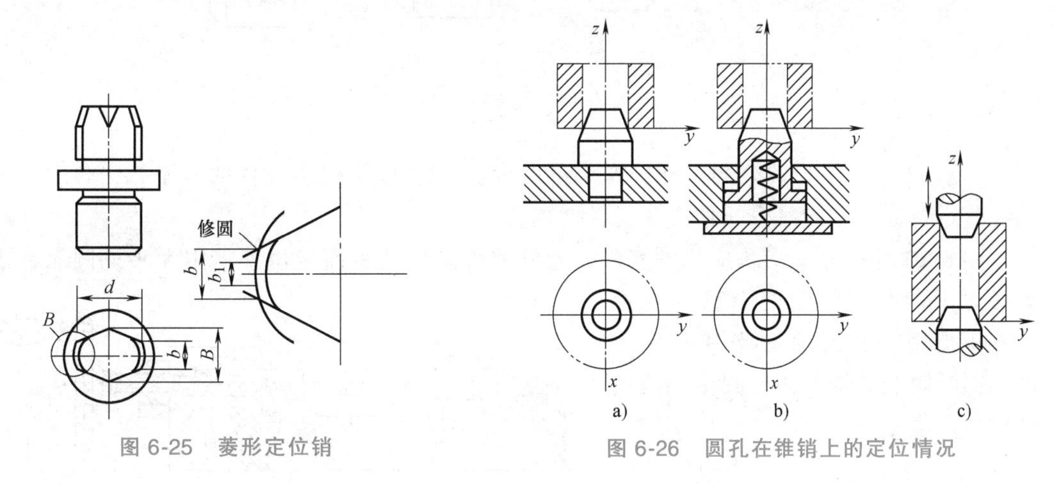

图 6-25　菱形定位销

图 6-26　圆孔在锥销上的定位情况

（4）圆锥心轴　工件以圆锥孔定位时，最常用的定位方式是用圆锥心轴限制工件的五个自由度。用顶尖定位是圆锥孔定位的一种特例，其中，固定顶尖（前顶尖）限制工件的三个自由度，活动顶尖（后顶尖）限制工件的两个自由度，如图 6-27 所示。

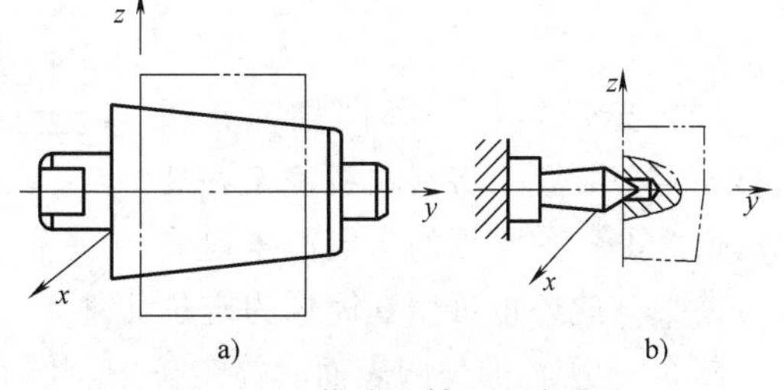

图 6-27　锥度心轴和顶尖定位

3. 工件以外圆柱面定位

工件以外圆柱面定位有支承定位和定心定位两种。

（1）支承定位　图 6-28 所示为外圆表面的支承定位。图 6-28a 所示为用平头支承定位，图 6-28b 所示为用两个平头支承定位，图 6-28c 所示为用半圆支承定位，活动的上半圆压板起夹紧作用。

图 6-28b 所示的定位方式实际上就是生产上广泛应用的 V 形块定位。只不过通常 V 形块都转过一个角度放置。V 形块在定位时主要起对中作用，即工件外圆定位表面轴线始终处于 V 形块的对称面上，不受定位基准本身误差的影响。不管定位基准是否经过加工，圆柱面是否完整，均可采用 V 形块定位。

图 6-29 所示为常见 V 形块结构。图 6-29a 用于较短的工件精基准定位，图 6-29b 用于较长的工件粗基准定位，图 6-29c 用于工件两段精基准相距较远的场合。如果定位基准直径与长度较大，则 V 形块不必做成整体钢件，而采用铸铁底座镶淬火钢垫，如图 6-29d 所示。

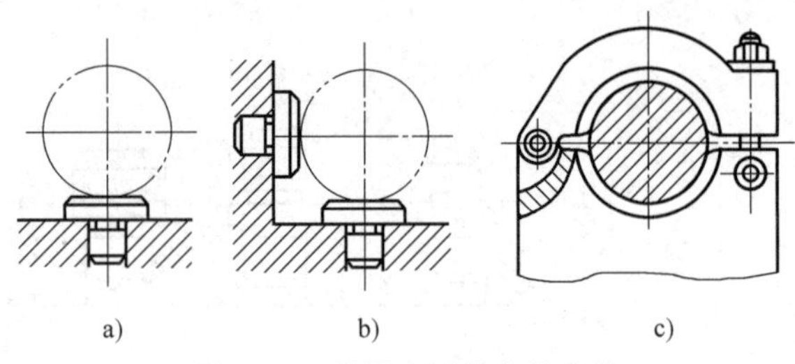

图 6-28　外圆表面的支承定位

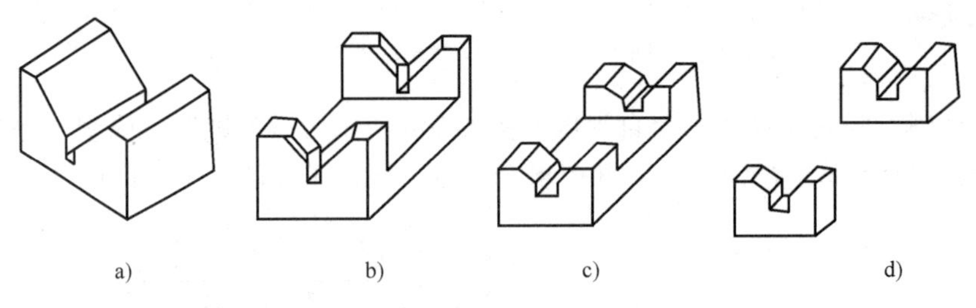

图 6-29　常见 V 形块结构

【提示】 长 V 形块限制工件的四个自由度，短 V 形块限制工件的两个自由度。V 形块不仅作定位元件，有时也兼作夹紧元件使用。

图 6-30 所示为 V 形块应用的实例。连杆零件除以其平面定位外，用大头外圆靠在固定 V 形块上定位，限制两个移动自由度，小头用一个活动 V 形块夹紧工件，同时限制其绕大头外圆中心线的转动自由度。

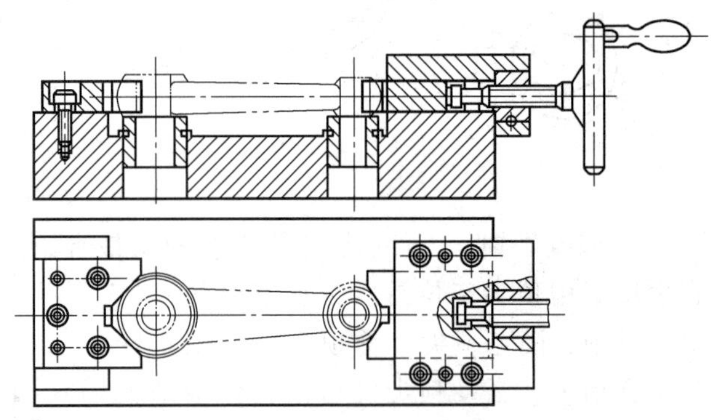
图 6-30　V 形块应用的实例

【提示】 V 形块的结构尺寸已经标准化，其两斜面的夹角一般有 60°、90°、120°三种。其中以 90°最为常用。

(2) 定心定位　外圆柱面常采用自动定心装置，将其轴线确定在要求的位置上。如常见的自定心卡盘和弹簧夹头。此外也可用套筒作为定位元件。

图 6-31 所示的外圆表面套筒定位中，图 6-31a 所示为短孔，相当于两点定位，限制工件

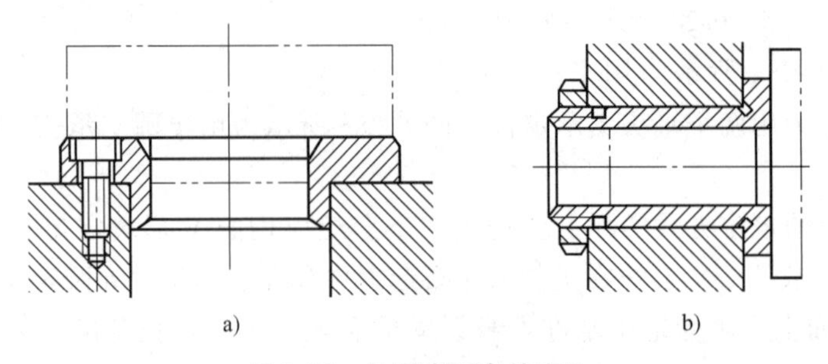

图 6-31　外圆表面套筒定位

的两个自由度；图 6-31b 所示为长孔，相当于四点定位，限制工件的四个自由度。

6-1　常见的定位方式及定位元件

4. 常用定位元件限制的自由度

常见典型定位方式及其定位分析见表 6-1～表 6-3。

表 6-1　常见典型定位方式及其定位分析（工件以平面定位）

工件定位基准面	定位元件	定位方式图	定位元件的特点	限制的自由度数目
平面	支承钉	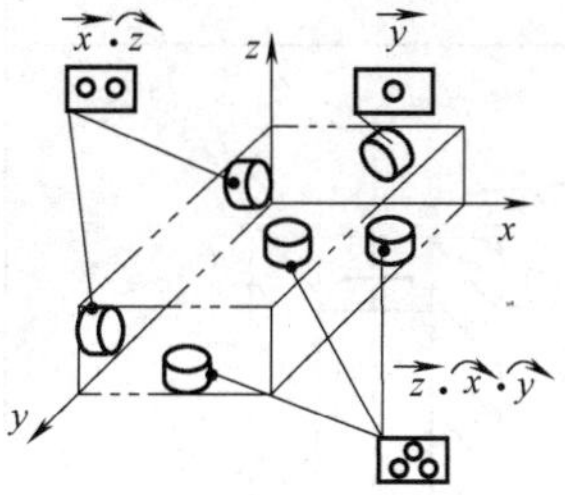		6 个
	支承板	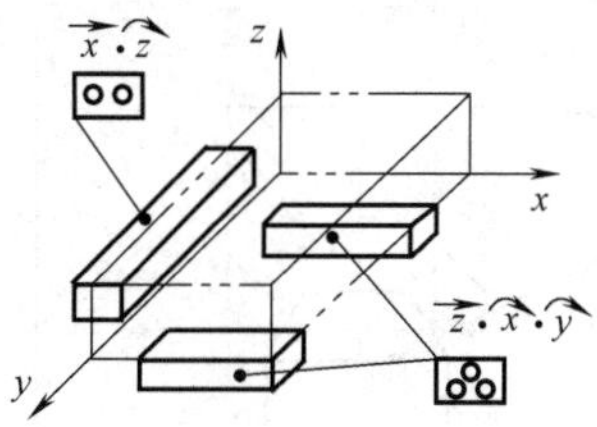	每个支承板也可以设计成两个以上的小支承板	5 个
	固定支承和浮动支承	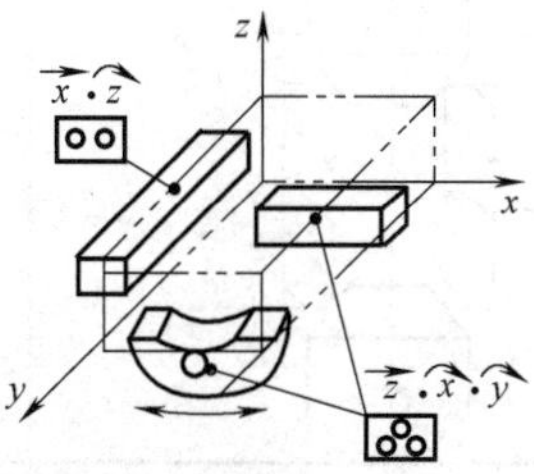	两个矩形支承板为固定支承，半圆形支承板为浮动支承	5 个
	固定支承和辅助支承	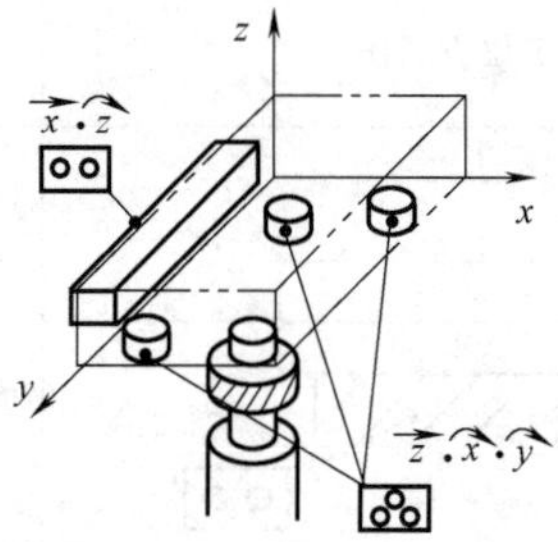	右下方为辅助支承，其余为固定支承	5 个

表 6-2 常见典型定位方式及其定位分析（工件以圆孔定位）

工件定位基准面	定位元件	定位方式图	定位元件的特点	限制的自由度数目
圆孔	定位销(心轴)	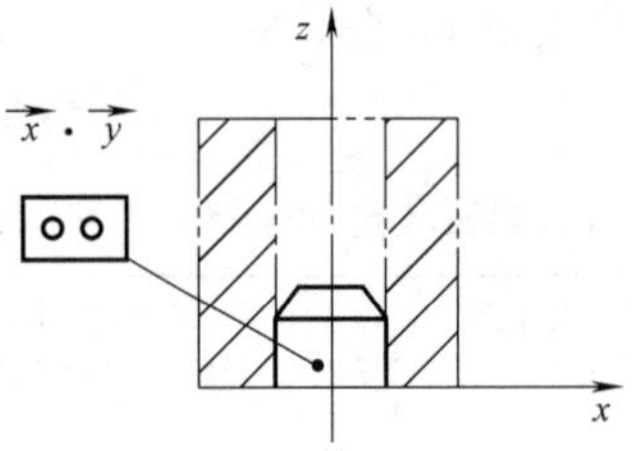 $\vec{x}\cdot\vec{y}$	短销(短心轴)	2个
		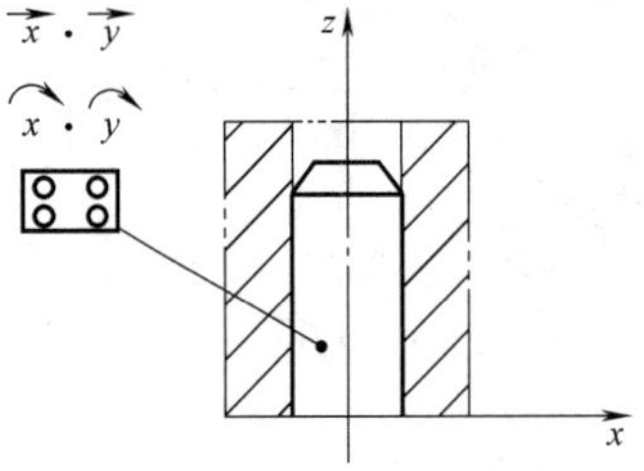 $\vec{x}\cdot\vec{y}$ $\hat{x}\cdot\hat{y}$	长销(长心轴)	4个
	锥销	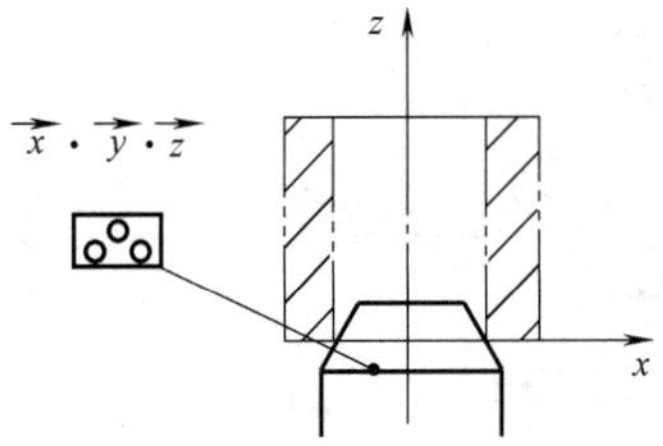 $\vec{x}\cdot\vec{y}\cdot\vec{z}$	单锥销	3个
		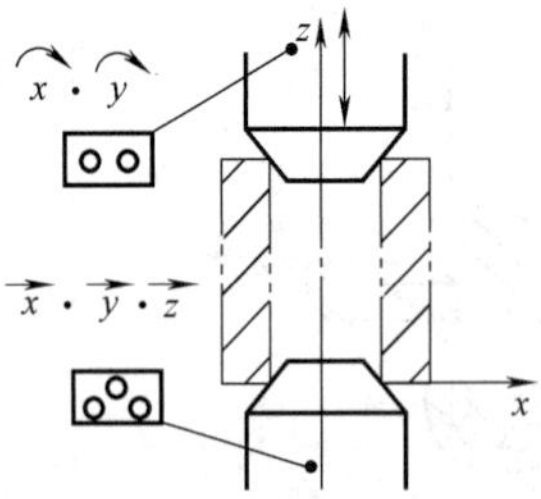 $\hat{x}\cdot\hat{y}$ $\vec{x}\cdot\vec{y}\cdot\vec{z}$	上为活动销，下为固定销	5个

表 6-3 常见典型定位方式及其定位分析（工件以外圆柱面定位）

工件定位基准面	定位元件	定位方式图	定位元件的特点	限制的自由度数目
外圆柱面	支承板	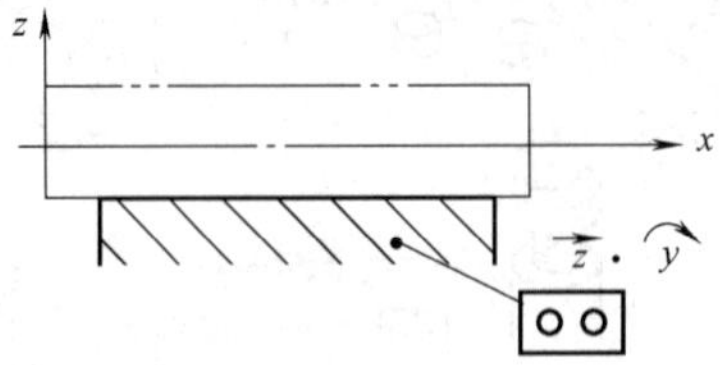 $\vec{z}\cdot\hat{y}$	长支板或两个支承钉	2个

（续）

工件定位基准面	定位元件	定位方式图	定位元件的特点	限制的自由度数目
外圆柱面	V 形块	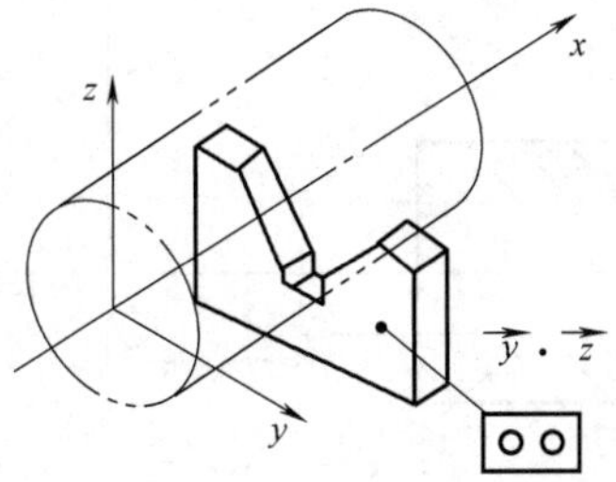 z, x, y, $\vec{y}$ · $\vec{z}$	窄 V 形块	2 个
		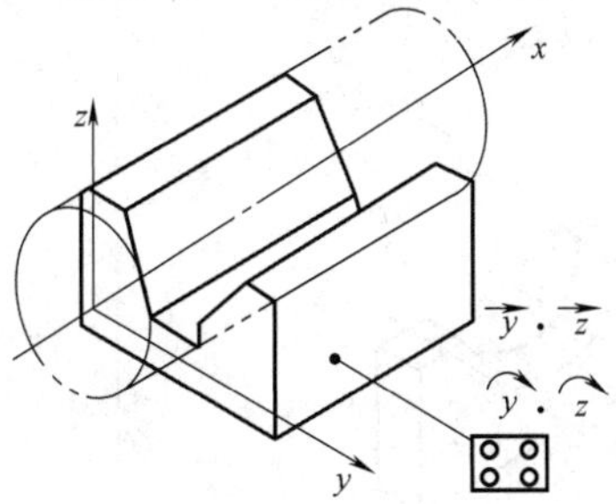 z, x, y, $\vec{y}$ · $\vec{z}$, $\hat{y}$ · $\hat{z}$	宽 V 形块或两个窄 V 形块	4 个
		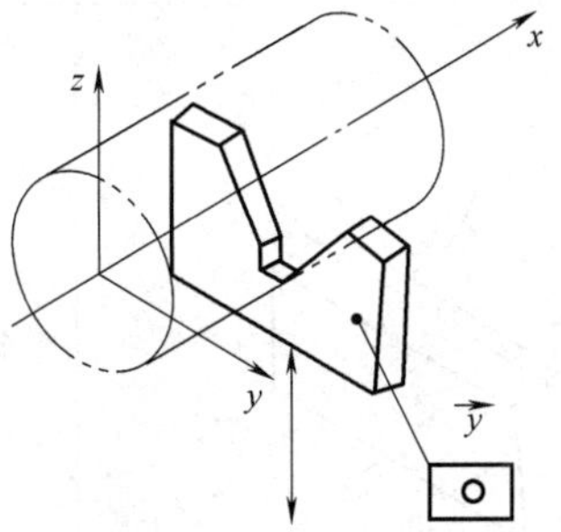 z, x, y, $\vec{y}$	窄活动 V 形块	1 个
	定位套	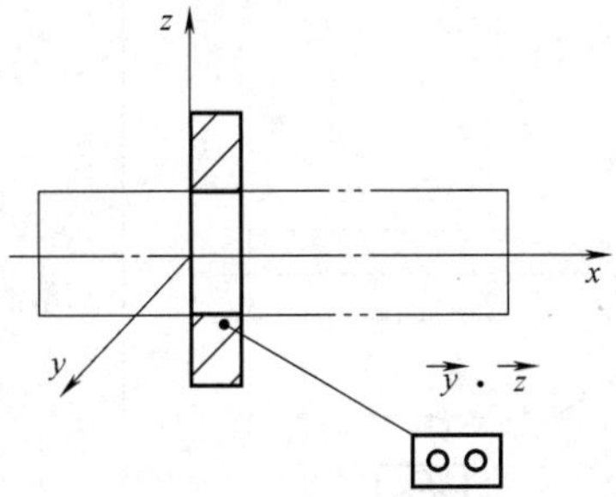 z, x, y, $\vec{y}$ · $\vec{z}$	短套	2 个

（续）

工件定位基准面	定位元件	定位方式图	定位元件的特点	限制的自由度数目
外圆柱面	定位套	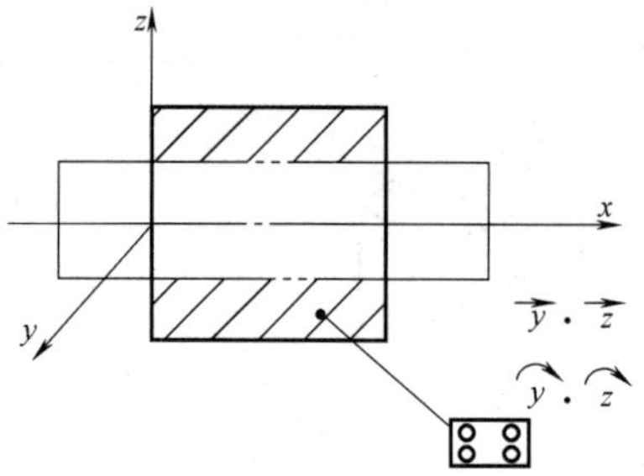 $\vec{y}$ · $\vec{z}$ $\overset{\frown}{y}$ · $\overset{\frown}{z}$	长套	4 个
	半圆孔	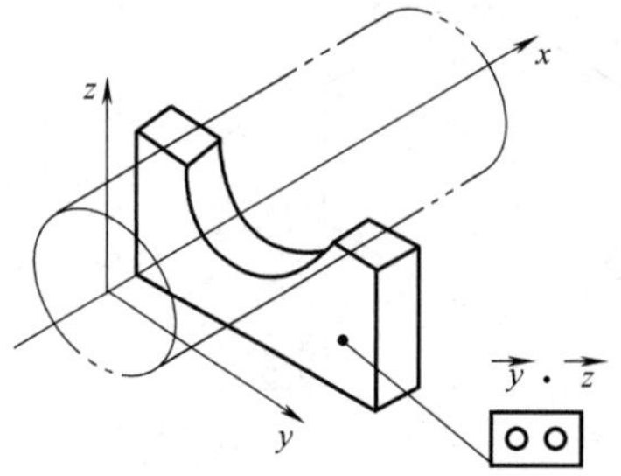 $\vec{y}$ · $\vec{z}$	半圆孔	2 个
		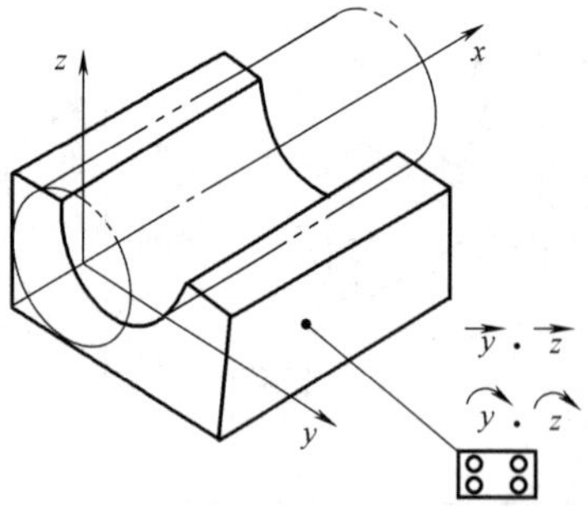 $\vec{y}$ · $\vec{z}$ $\overset{\frown}{y}$ · $\overset{\frown}{z}$	长半圆孔	4 个
	锥套	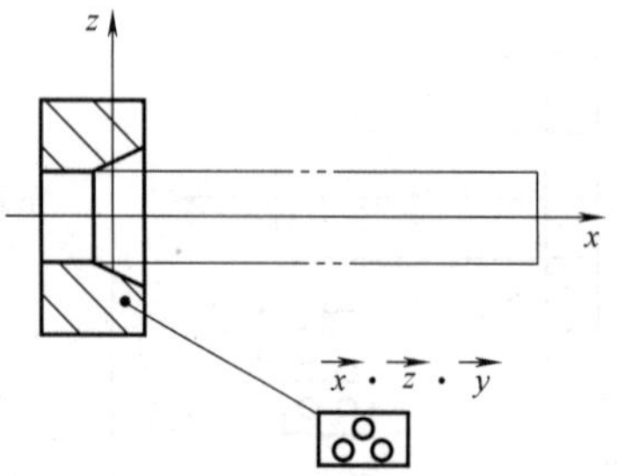 $\vec{x}$ · $\vec{z}$ · $\vec{y}$	单锥套	3 个

（续）

工件定位基准面	定位元件	定位方式图	定位元件的特点	限制的自由度数目
外圆柱面	锥套		左边为固定锥套，右边为活动锥套	5个

二、定位误差的计算

要使一批工件在夹具中占有准确的加工位置，还必须对一批工件在夹具中定位的定位误差进行分析计算。根据定位误差的大小判断定位方案能否保证加工精度，从而证明该方案的可行性。定位误差也是夹具误差的一个重要组成部分，因此，定位误差的大小往往成为评价一个夹具设计质量的重要指标，也是合理选择定位方案的重要依据。根据定位误差分析计算的结果，便可看出影响定位误差的因素，从而找到减小定位误差和提高夹具工作精度的途径。由此可见，分析计算定位误差是夹具设计中的一个十分重要的环节。

1. 定位误差产生的原因

造成定位误差的原因是定位基准与工序基准不重合以及定位基准的位移误差两个方面。

（1）基准不重合误差　由于定位基准与工序基准不重合而造成的定位误差，称为基准不重合误差，用 Δ_B 表示。图 6-32a 所示为一工件的铣削加工工序简图，图 6-32b 所示为其定位简图。加工尺寸 L_1 的工序基准是 E 面，而定位基准是 A 面，这种定位基准与工序基准的不重合，将会因它们之间的尺寸 L_2 的误差给工序尺寸 L_1 造成定位误差，由图 6-32b 可知，基准不重合误差的表达式为

$$\Delta_B = L_{2max} - L_{2min} \tag{6-1}$$

其中，Δ_B 仅与基准的选择有关，故通常在设计时遵循基准重合原则，即可防止产生 Δ_B。图 6-32a 中的工序尺寸 H_1，其工序基准与定位基准均为 B 面，即基准重合，基准不重合误差为零。

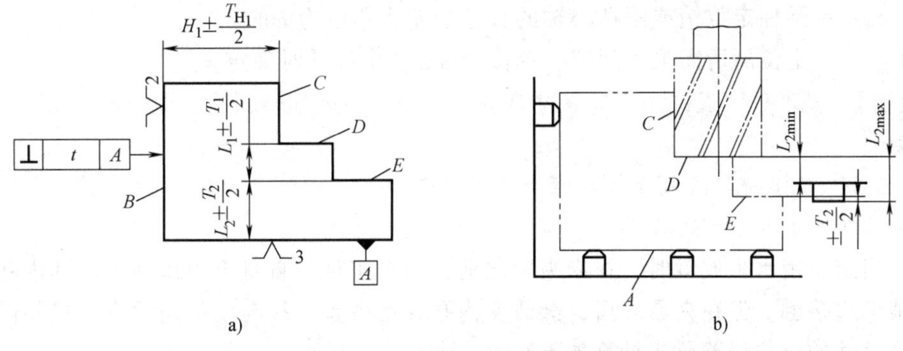

图 6-32　基准不重合误差

（2）基准位移误差　工件在夹具中定位时，由于定位副（工件的定位表面与定位元件的工作表面）的制造误差和最小配合间隙的影响，使定位基准在加工方向上产生位移，导致各个工件位置不一致，造成加工误差，这种定位误差称为基准位移误差，用 Δ_Y 表示。

由于定位误差由基准不重合误差 Δ_B 和基准位移误差 Δ_Y 组成。因而定位误差的表达式有以下几种情况：

1）当 $\Delta_B=0$，$\Delta_Y\neq0$ 时，产生定位误差的原因是基准位移，故其表达式为

$$\Delta_D=\Delta_Y \tag{6-2}$$

式中　Δ_D——定位误差，单位为 mm。

2）当 $\Delta_B\neq0$，$\Delta_Y=0$ 时，产生定位误差的原因是基准不重合，故其表达式为

$$\Delta_D=\Delta_B \tag{6-3}$$

3）当 $\Delta_B\neq0$，$\Delta_Y\neq0$ 时，如果工序基准不在定位基准面上，则其表达式为

$$\Delta_D=\Delta_Y+\Delta_B \tag{6-4}$$

如果工序基准在定位基面上，则其表达式为

$$\Delta_D=\Delta_Y-\Delta_B \tag{6-5}$$

“+”“-”的判定方法是：当定位基面变化时，分析工序基准随之变化所引起 Δ_Y 和 Δ_B 变动方向是相同还是相反。两者相同时为“+”，两者相反时为“-”。

2. 计算方法

不同的定位方式，其基准位移误差的计算方法也不同。

（1）工件以内孔定位　工件以内孔定位是指用圆柱定位销、圆柱心轴中心定位。当圆柱定位销、圆柱心轴与被定位的工件内孔为过盈配合时，不存在间隙，定位基准（内孔轴线）相对定位工件没有位置变化，则 $\Delta_Y=0$；当圆柱定位销、圆柱心轴与被定位的工件内孔为间隙配合时，如图 6-33 所示，由于间隙的影响，会使工件的中心发生偏移，其偏移量即为最大配合间隙，基准位移误差为

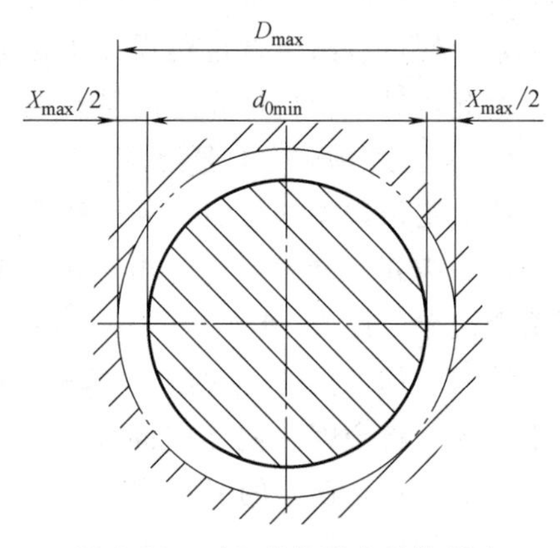

图 6-33　对工件位置公差的影响

$$\Delta_Y=X_{max}=\delta_D+\delta_d+X_{min} \tag{6-6}$$

式中　X_{max}——定位副最大配合间隙，单位为 mm；

δ_D——工件定位基准孔的直径公差，单位为 mm；

δ_d——圆柱定位销或圆柱心轴的直径公差，单位为 mm；

X_{min}——定位副所需最小间隙，单位为 mm，由设计时确定。

【提示】　基准位移误差的方向是任意的。减小定位副配合间隙，即可减小 Δ_Y 值，提高定位精度。

【例 6-4】　如图 6-34a 所示，在套类零件上铣键槽，保证工序尺寸 H_1、H_2 和 H_3，现分析采用定位销定位时的定位误差。

解：当定位销水平放置时，在未夹紧之前，每个工件在自身重力作用下使其内孔上素线与定位销单边接触。但在夹紧之后，会改变内孔接触位置，故与定位销垂直放置相同。现分别对工序尺寸的定位误差分析计算如下。

1）对于工序尺寸 H_1 或 H_2，取定位销尺寸最小、工件内孔尺寸最大，且工件内孔分别与定上、下素线接触，如图 6-34b 所示，它们的定位误差为

$$\delta_{定位(H_1)}=O_1O_2=H_{1\max}-H_{1\min}=T_D+T_d+X_{\min}$$

$$\delta_{定位(H_2)}=B_1B_2=H_{2\max}-H_{2\min}=T_D+T_d+X_{\min}$$

2）对于工序尺寸 H_3，工件外圆尺寸的两种极端位置，如图 6-34c 所示，其定位误差为

$$\delta_{定位(H_3)}=A_1A_2=H_{3\max}-H_{3\min}=\frac{d}{2}+X_{\min}-\frac{d-T_d}{2}=T_D+T_{d_1}+X_{\min}+\frac{T_d}{2}$$

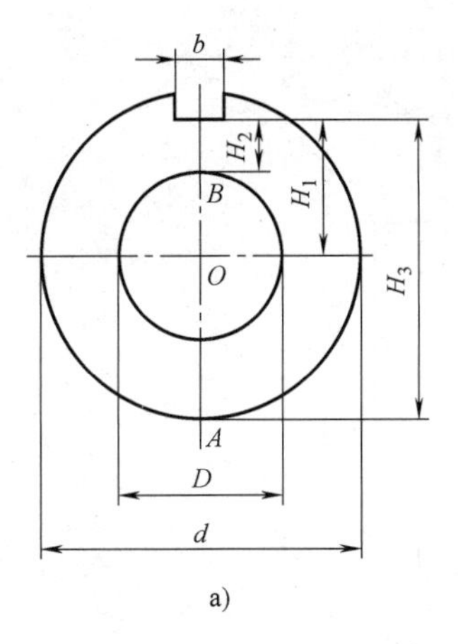

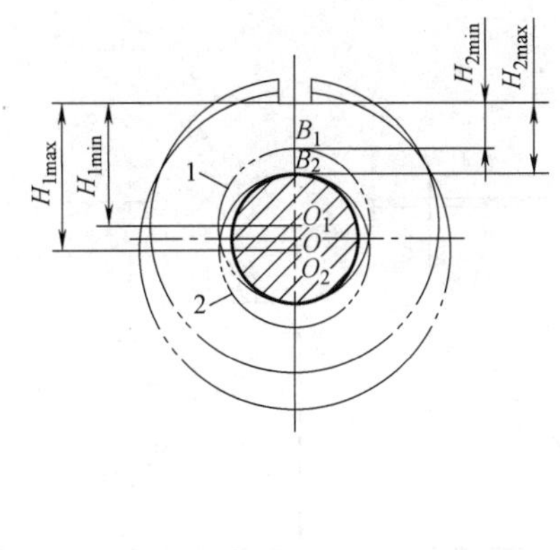

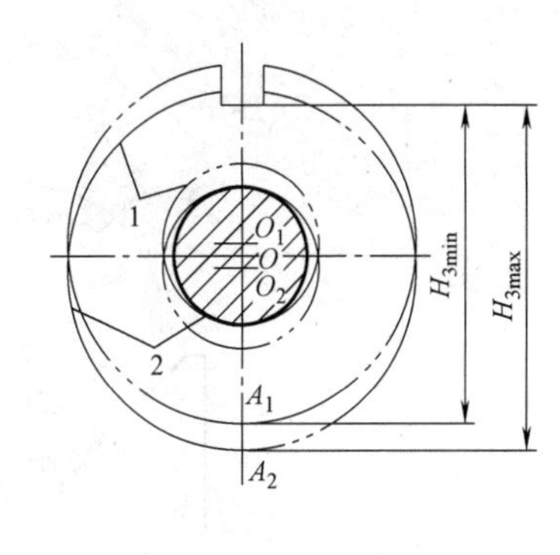

图 6-34　工件以内孔定位

（2）工件以平面定位　由于工件定位面与定位元件工作面以平面接触时，两者的位置不会发生相对变化，因而认为其基准位移误差为零，即 $\Delta_Y=0$。

（3）工件以外圆柱定位　V 形块是一种对中定位元件，当 V 形块和工件外圆制造的非常精确时，这时外圆中心应在 V 形块理论中心位置上，即两基准重合而没有基准位移误差。但是实际上对于一批工件而言外圆直径是有偏差的，当外圆直径由 $D_{\max}$ 减少到 $D_{\min}$ 时，如图 6-35 所示，定位基准相对定位元件发生位置变化，因而产生垂直方向的基准位移误差 Δ_Y，即

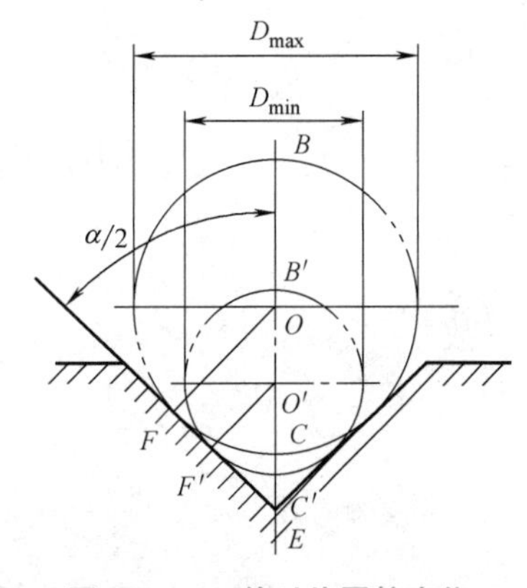

图 6-35　工件以外圆柱定位

$$\Delta_Y=OO_1=OE-O'E=\frac{D_{\max}}{2\sin\frac{\alpha}{2}}-\frac{D_{\min}}{2\sin\frac{\alpha}{2}}=\frac{T_D}{2\sin\frac{\alpha}{2}} \tag{6-7}$$

式中　T_D——工件定位基准的直径公差，单位为 mm；

α——V 形块两斜面夹角，单位为（°）。

【例 6-5】　工件以外圆表面在 V 形块中定位如图 6-36a 所示，在一轴类工件上铣键槽，要求键槽与外圆中心线对称，并保证工序尺寸 H_1、H_2 或 H_3，现分别计算各工序尺寸的定位误差。

解：工序尺寸 H_1 的定位误差分析如图 6-36b 所示，图中 1 和 2 为一批工件在 V 形块中定位的两种极端位置，根据图中几何关系可知

$$\delta_{定位(H_1)}=O_1O_2=H_{1\max}-H_{1\min}$$

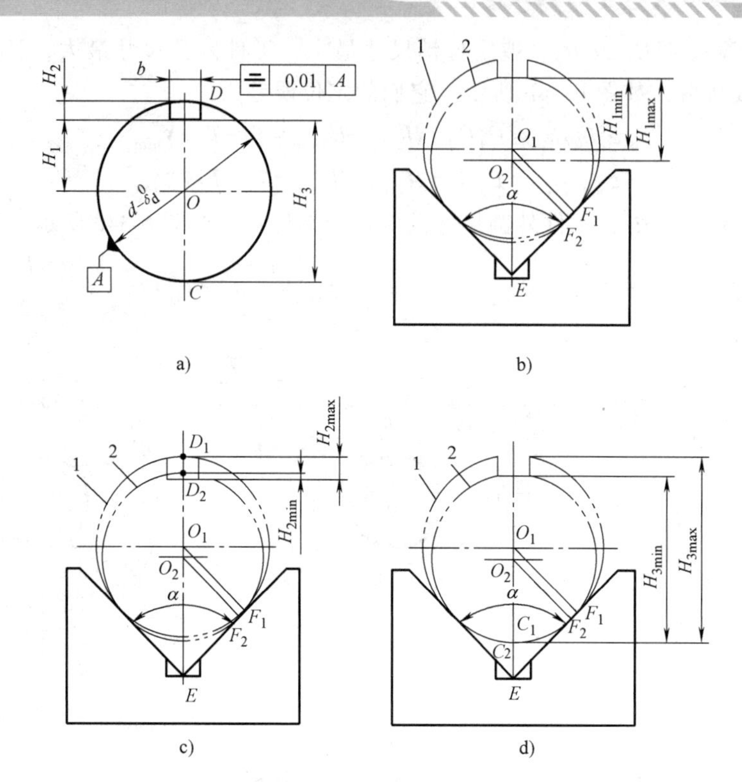

图 6-36　轴类工件铣键槽工序简图及定位误差分析

1—上极限尺寸圆　2—下极限尺寸圆

因

$$O_1O_2=O_1E-O_2E=\frac{O_1F_1}{\sin\dfrac{\alpha}{2}}-\frac{O_2F_2}{\sin\dfrac{\alpha}{2}}=\frac{O_1F_1-O_2F_2}{\sin\dfrac{\alpha}{2}}$$

故

$$O_1F_1-O_2F_2=\frac{d}{2}-\frac{d-T_d}{2}=\frac{T_d}{2}$$

$$\delta_{定位(H_1)}=\frac{T_d}{2\sin\dfrac{\alpha}{2}}$$

工序尺寸 H_2 的定位误差分析如图 6-36c 所示，图中 1 和 2 为一批工件在 V 形块中定位的两个极端位置，根据图示几何关系可知

$$\delta_{定位(H_2)}=D_1D_2=H_{2\max}-H_{2\min}$$

$$D_1D_2=O_2D_1-O_2D_2=(O_1O_2+O_1D_1)-O_2D_2$$

因

$$O_1O_2=\frac{T_d}{2\sin\dfrac{\alpha}{2}};\quad O_1D_1=\frac{d}{2};\quad O_1D_2=\frac{d-T_d}{2}$$

故

$$\delta_{定位(H_2)}=\frac{T_d}{2\sin\dfrac{\alpha}{2}}+\frac{T_d}{2}=\frac{T_d}{2}\left[\frac{1}{2\sin\dfrac{\alpha}{2}}+1\right]$$

工序尺寸 H_3 的定位误差分析如图 6-36d 所示，图中 1 和 2 为一批工件在 V 形块上定位的两种极端位置，根据图示几何关系可知

$$\delta_{定位(H_3)} = C_1C_2 = H_{3max} - H_{3min}$$

$$C_1C_2 = O_1C_2 - O_1C_1 = (O_1O_2 + O_2C_2) - O_1C_1$$

因

$$O_1O_2 = \frac{T_d}{2\sin\frac{\alpha}{2}};\ O_2C_2 = \frac{d-T_d}{2};\ O_1C_1 = \frac{d}{2}$$

故

$$\delta_{定位(H_3)} = \frac{T_d}{2\sin\frac{\alpha}{2}} - \frac{T_d}{2} = \frac{T_d}{2}\left[\frac{1}{2\sin\frac{\alpha}{2}} - 1\right]$$

在图 6-36 中，当铣键槽的高度尺寸按 H_1 标注时，因基准重合，则 $\Delta_B = 0$

故　$\Delta_D(H_1) = \Delta_Y = \dfrac{\delta_d}{2\sin\frac{\alpha}{2}}$

当铣键槽的高度尺寸按 H_2、H_3 标注时，因基准不重合，则 $\Delta_B = \dfrac{\delta_d}{2}$。

当按高度尺寸 H_2 标注时，因 δ_d 变大时，Δ_B、Δ_Y 引起高度尺寸 H_2 的工序基准做同方向变化，故有

$$\delta_{定位(H_2)} = \frac{T_d}{2\sin\frac{\alpha}{2}} + \frac{T_d}{2} = \frac{T_d}{2}\left(\frac{1}{2\sin\frac{\alpha}{2}} + 1\right)$$

当按高度尺寸 H_3 标注时，因 δ_d 变大时，Δ_B、Δ_Y 引起高度尺寸 H_3 的工序基准做反方向变化，故有

$$\delta_{定位(H_3)} = \frac{T_d}{2\sin\frac{\alpha}{2}} - \frac{T_d}{2} = \frac{T_d}{2}\left(\frac{1}{2\sin\frac{\alpha}{2}} - 1\right)$$

通过以上分析，可归纳如下结论。

1）用夹具装夹加工一批工件时，一批工件某加工精度参数（尺寸、位置）的工序基准在加工尺寸方向上的最大变化范围称为该加工精度参数的定位误差。

2）由于工件的工序基准和定位基准不重合，引起一批工件加工精度参数产生的位置变化，即产生基准不重合误差；由于工件定位面和定位元件的定位工作面的制造误差，引起一批工件的定位基准相对定位元件发生的位置变化，即产生基准位移误差。

分析计算定位误差时注意的问题。

1）某工序的定位方案可以对本工序的几个不同加工精度参数产生不同定位误差，因此，应该对这几个加工精度参数逐个分析计算其定位误差。

2）分析计算定位误差值的前提是采用夹具装夹加工一批工件，并采用调整法保证加工要求，而不是用试切法保证加工要求。

3）分析计算得出的定位误差值是指加工一批工件时可能产生的最大定位误差范围，它

是一个界限值，而不是指某一个工件的定位误差的具体数值。

【例 6-6】 如图 6-37 所示的三种定位方案，本工序需钻 ϕ_1 孔，试计算被加工孔的位置尺寸 L_1、L_2、L_3 的定位误差。

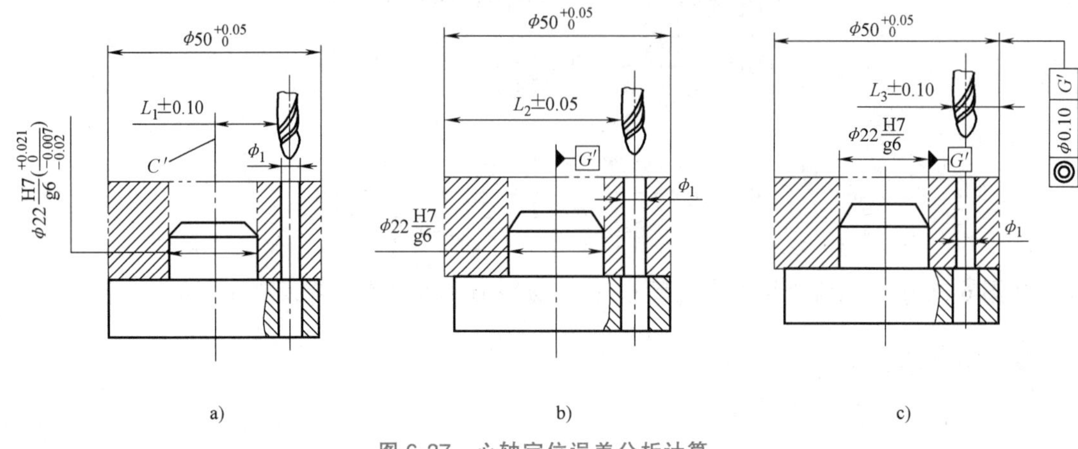

图 6-37 心轴定位误差分析计算

解：

1）图 6-37a 中的尺寸 L_1 的工序基准为孔轴线，定位基准也为孔轴线，两者重合，则 $\Delta_B=0\text{mm}$。

根据配合公差可知，由于存在间隙，定位基准将发生相对位置变化，因而存在基准位移误差，即

$$\Delta_Y=X_{max}=ES-ei=0.021\text{mm}-(-0.02)\text{mm}=0.041\text{mm}$$

$$\Delta_D=\Delta_Y=0.041\text{mm}$$

2）图 6-37b 中的尺寸 L_2 的工序基准为外圆左素线，定位基准为孔轴线，两者不重合，以 $\phi50^{+0.05}_{0}\text{mm}/2$ 尺寸相联系，则 $\Delta_B=0.05\text{mm}/2=0.025\text{mm}$。

基准位移误差与图 6-37a 相同，即 $\Delta_Y=0.041\text{mm}$。因基准不重合误差是尺寸 $\phi50^{+0.05}_{0}\text{mm}$ 引起，基准位移误差是配合间隙引起，两者属于相互独立因素，则

$$\Delta_D=\Delta_Y+\Delta_B=0.041\text{mm}+0.025\text{mm}=0.066\text{mm}$$

3）同理可得图 6-37c 中基准位移误差 $\Delta_Y=0.041\text{mm}$。

因尺寸 L_3 的工序基准（外圆右素线）与定位基准（内孔轴线）不重合，两者以尺寸 $\left[\dfrac{\phi50^{+0.05}_{0}}{2}+(0\pm0.05)\right]\text{mm}$ 联系，故

$$\Delta_B=0.025\text{mm}+2\times0.05\text{mm}=0.125\text{mm}$$

又因为工序基准不在工件定位面（内孔）上，则

$$\Delta_D=\Delta_Y+\Delta_B=0.041\text{mm}+0.125\text{mm}=0.166\text{mm}$$

讨论：

① 在图 6-37b 方案中，尺寸 L_2 的定位误差占工序公差的比例为 0.066/0.1=66%。其所占比例过大，不能保证加工要求，需改进定位方案，可采用如图 6-38 所示方案实现钻孔加工。此时，尺寸 L_2 的定位误差为

$$\Delta_D = \Delta_Y - \Delta_B = \frac{0.05}{2\sin\frac{90°}{2}}\text{mm} - \frac{0.05}{2}\text{mm} = 0.035\text{mm} - 0.025\text{mm} = 0.01\text{mm}$$

只占加工公差 0.1 的 10%。

此例说明，计算定位误差是分析比较定位方案，并从中选择合理方案的重要依据。

② 分析计算定位误差，就会遇到定位误差占工序公差的合适比例问题。要确定一个准确的数值是比较困难的，因为加工要求高低各不相同，加工方法能达到的经济精度也相差悬殊。这就需要有丰富的实际工艺知识，只有按实际情况来分析解决，根据从工序公差中扣除定位误差后余下的公差部分，来判断具体加工方法能否经济地保证精度要求。但据实际统计资料表明，在一般情况下，夹具的精度对加工误差的影响较为重要。

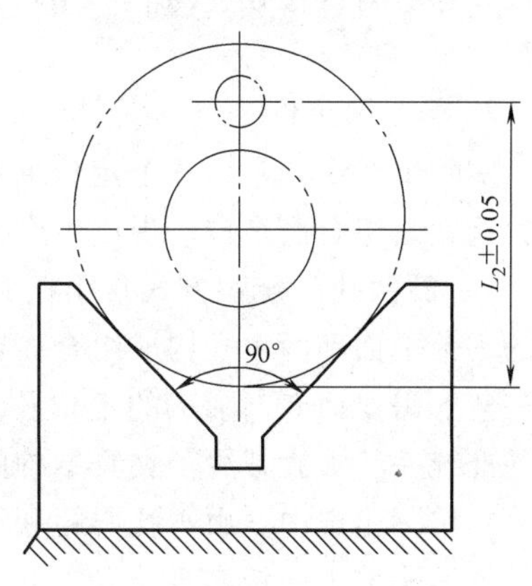

图 6-38　钻孔定位误差计算

此外，分析定位方案时，也要求先对其定位误差是否影响工序的精度有一个估计，为此一般推荐在正常加工条件下，定位误差占工序公差的 1/3 以内比较合适。

【例 6-7】 图 6-39a 所示为台阶轴在 V 形块上的定位方案。已知 $d_1 = \phi20_{-0.013}^{\ 0}$mm，$d_2 = \phi45_{-0.016}^{\ 0}$mm，两外圆的同轴度公差为 $\phi0.02$mm，V 形块夹角 $\alpha = 90°$。试计算对距离尺寸 $(H \pm 0.20)$ mm 产生的定位误差，并分析其定位质量。

解：为便于分析计算，先将有关参数改标如图 6-39b 所示。其中，同轴度可标为 $e = (0 \pm 0.01)$mm，$r_2 = \phi22.5_{-0.008}^{\ 0}$mm。

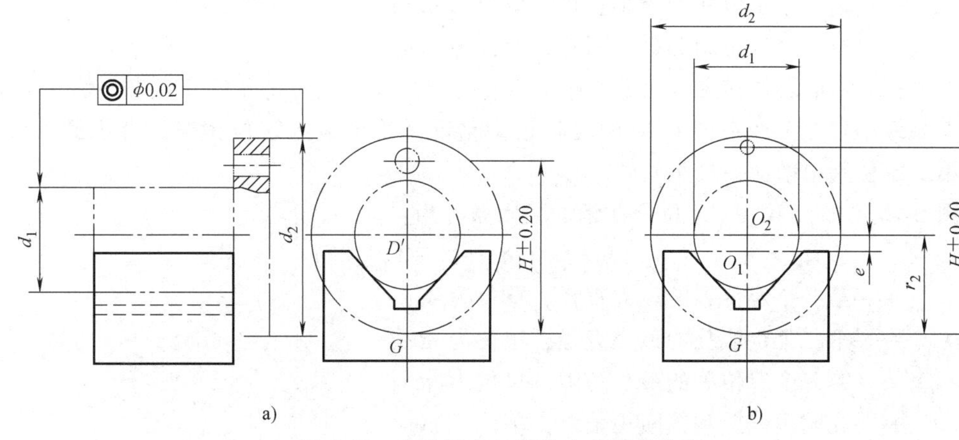

图 6-39　台阶轴在 V 形块上的定位方案

由于 d_2 的工序基准为外圆下素线 G，而定位基准为外圆轴线 O_2，基准不重合，两者以 e 及 r_2 相联系。故

$$\Delta_B = 2 \times 0.01\text{mm} + 0.008\text{mm} = 0.028\text{mm}$$

$$\Delta_Y = \frac{\delta_{d_1}}{2\sin\frac{\alpha}{2}} = \frac{0.013}{2\sin\frac{90°}{2}}\text{mm} = 0.0092\text{mm}$$

因工序基准 G 不在工件定位面外圆上，故有

$\Delta_D=\Delta_Y+\Delta_B=0.028\text{mm}+0.0092\text{mm}=0.0372\text{mm}$

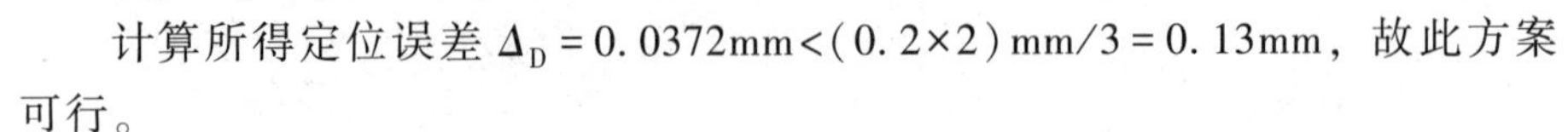

6-2　定位误差

计算所得定位误差 $\Delta_D=0.0372\text{mm}<(0.2\times2)\text{mm}/3=0.13\text{mm}$，故此方案可行。

3. 组合面定位

实际生产中，常用几个定位元件组合起来同时定位工件的几个定位面，以达到定位要求，这就是组合面定位。现以生产中最常用的“一面两孔”定位方式进行简单介绍。

“一面两孔”定位方式常用在成批及大量生产中加工箱体、杠杆、盖板等零件，是以工件的一个平面和两个孔构成组合面定位。工件上的两个孔可以是其结构上原有的，也可为满足工艺上需要而专门加工的定位孔。采用“一面两孔”定位后，可使工件在加工过程中实现基准统一，大大减少了夹具结构的多样性，有利于夹具的设计和制造。

在实际生产中，由于孔心距和销心距的制造误差，孔心距与销心距很难完全相等，此时工件就无法装入两销实现定位，这就是过定位引起的后果。为了保证一批工件都能实现定位，可采用下列方法消除过定位。

（1）采用两个圆柱销及一个平面支承定位　采用两个圆柱销及一个平面支承定位时，消除过定位的方法是减小其中一个圆柱销的直径，使其减小到能够补偿孔心距及销心距误差的最大值，从而避免出现重复限制。

如图 6-40 所示，假定工件上圆孔 1 与夹具上定位销 2 的中心重合，这时第一个定位圆柱销的装入条件为

$$d_{1\max}=D_{1\min}-X_{1\min} \tag{6-8}$$

式中　$d_{1\max}$——第一个定位销的最大直径，单位为 mm；

$D_{1\min}$——第一个定位孔的最小直径，单位为 mm；

$X_{1\min}$——第一个定位副的最小间隙，单位为 mm。

工件上孔心距的误差和夹具上销心距的误差完全用缩小定位销 2 的直径来补偿。当定位销 2 的直径缩小到使工件在图 6-40 的两种极限情况下都能装入定位销时，考虑到安装力，还应在第二定位副中增加一最小间隙 $X_{2\min}$。

由图 6-40 可知，第二个定位圆柱销的装入条件为：

$$d_{2\max}=D_{2\min}-2(\delta_{LD}+\delta_{Ld}+X_{2\min}/2) \tag{6-9}$$

式中　$d_{2\max}$——第二个定位销的最大直径，单位为 mm；

$D_{2\min}$——第二个定位孔的最小直径，单位为 mm；

$X_{2\min}$——第二个定位副的最小间隙，单位为 mm；

δ_{LD}、δ_{Ld}——孔间距偏差和销间距偏差，单位为 mm。

采用两个圆柱销及平面支承定位会因销直径的减小而引起工件较大的转角误差，只有在加工要求不高时才使用。

（2）采用一个圆柱销和一个削边销及平面支承定位　采用一个圆柱销和一个削边销及平面支承定位不缩小定位销的直径，而采用定位销“削边”的方法也能增大连心线方向的间隙。这样，在连心线的方向上，仍起到缩小定位销直径的作用，使中心距误差得到补偿。但在垂直于连心线的方向上，定位销 2 的直径并未减小，所以工件的转角误差没有增大，提高了定位精度。

为了保证削边销的强度，一般采用菱形结构，故削边销又称为菱形销。常用削边销的结

构如图 6-41 所示。图中 A 型削边销刚性好、应用广，B 型削边销结构简单，容易制造，但刚性差。削边销安装时，削边方向应垂直于两销的连心线。

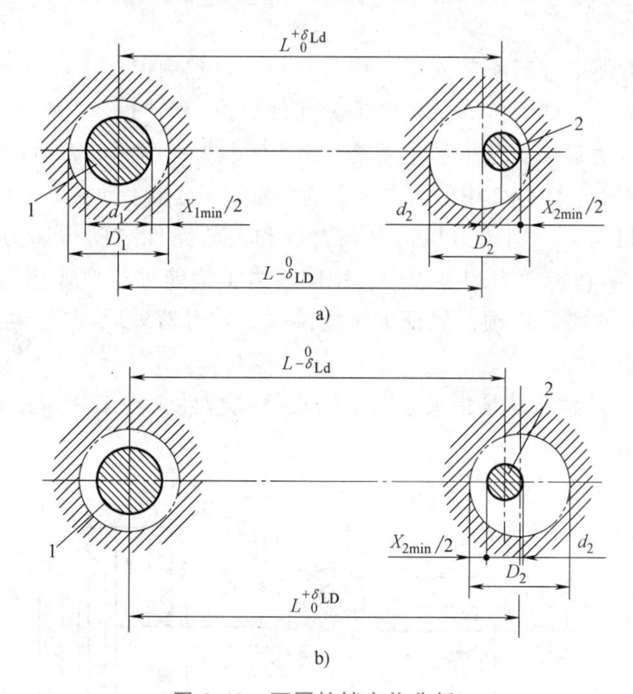

图 6-40　两圆柱销定位分析

a）销心距最大及孔心距最小的情况　b）销心距最小及孔心距最大的情况

1—圆孔　2—定位销

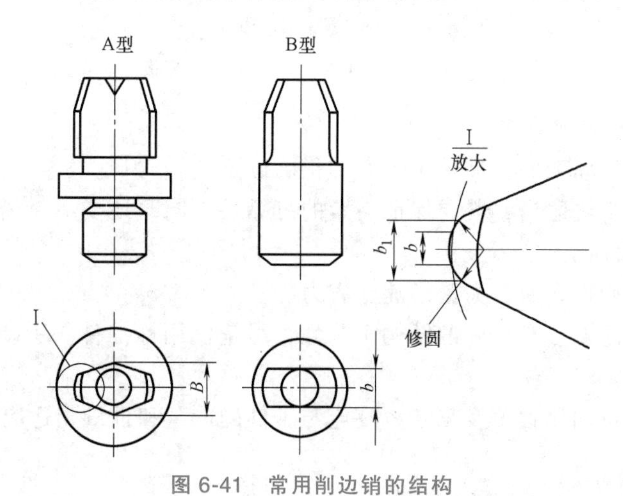

图 6-41　常用削边销的结构

第三节　工件的夹紧

在机械加工中，为保证工件定位时能保持正确位置，防止工件由于受切削力、重力、离心力或惯性力等作用而产生位移或振动，须将工件夹紧，以保证加工精度和安全生产。这种把工件压紧夹牢的装置，称为夹紧装置。

一、夹紧装置的组成及基本要求

1. 夹紧装置的组成

夹紧装置是指工件定位后将其固定，使其在加工过程中保持定位位置不变的装置，典型的夹紧装置由力源装置、中间传力机构和夹紧元件组成，如图 6-42 所示。

（1）力源装置　力源装置是指产生夹紧作用力的装置。力源装置所产生的力称为原始力，如气动、液动、电动等，图 6-42 中的力源装置为气缸 1。对于手动夹紧来说，力源来自人力。

（2）中间传力机构　中间传力机构是在力源和夹紧元件之间传递力的机构，如图 6-42 中的斜楔 2 和滚轮 3。在传递力的过程中，中间传力机构能够改变作用力的方向和大小，起增力作用；还能使夹紧实现自锁，保证力源提供的原始力消失后，仍能可靠地夹紧工件，这对手动夹紧尤为重要。

（3）夹紧元件　夹紧元件是指夹紧装置的最终执行件，与工件直接接触完成夹紧作用，如图 6-42 中的压板 4。

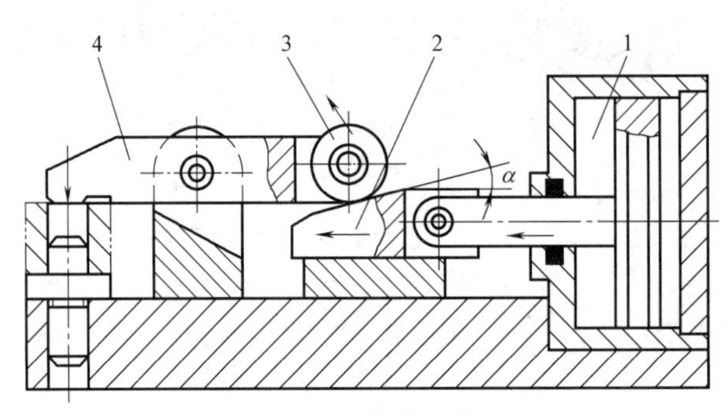

图 6-42　夹紧装置组成示意图

1—气缸　2—斜楔　3—滚轮　4—压板

2. 对夹紧装置的基本要求

1）夹紧时不能破坏工件在夹具中占有的正确位置。

2）夹紧力的大小要适当，既要保证夹紧的可靠性，同时还要尽量避免和减小工件的夹紧变形及对夹紧表面损伤。

3）夹紧装置要操作方便，夹紧迅速、省力。

4）结构要紧凑简单，有良好的结构工艺性，尽量使用标准件。手动夹紧机构还须有良好的自锁性。

5）夹紧装置的自动化程度及复杂程度应与工件的产量和批量相适应。

二、夹紧力的确定

确定夹紧力就是确定夹紧力的大小、方向和作用点。在确定夹紧力的三要素时要分析工件的结构特点、加工要求、切削力及其他外力作用于工件的情况，而且必须考虑定位装置的结构形式和布置方式。只有夹紧力的作用点分布合理、大小适当、方向正确，才能获得良好的效益。

1. 夹紧力方向的确定

确定夹紧力方向时，应与工件定位基准的位置及所受外力的作用方向等结合起来考虑。

其确定原则如下。

（1）夹紧力的作用方向应垂直于主要定位基准面　如图 6-43a 所示的直角支座以 A、B 面定位镗孔，要求保证孔中心线垂直于 A 面。为此应选择 A 面作为主要定位基准，夹紧力 Q 的方向垂直于 A 面。这样无论 A 面与 B 面有多大的垂直度误差，都能保证孔中心线与 A 面垂直。否则如图 6-43b 所示的夹紧力方向垂直于 B 面，则因 A、B 面间有垂直度误差（$\alpha>90°$ 或 $\alpha<90°$），使镗出的孔不垂直于 A 面而造成工件报废。

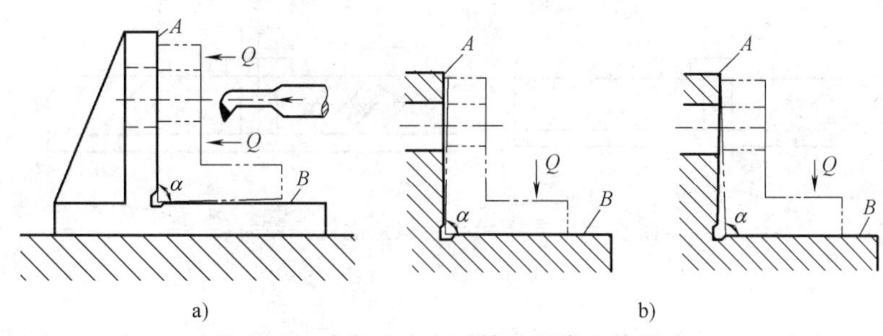

图 6-43　夹紧力方向对镗孔垂直度的影响

a）合理　b）不合理

（2）夹紧力作用方向应使所需夹紧力最小　夹紧力作用方向应使所需夹紧力最小，这样可使机构轻便、紧凑，工件变形小，对手动夹紧可减轻工人劳动强度，提高生产效率。为此，应使夹紧力 Q 的方向最好与切削力 F、工件的重力 G 的方向重合，这时所需要的夹紧力为最小。图 6-44 所示为 F、G、Q 三力不同方向之间关系的几种情况。显然，图 6-44a 最合理，图 6-44f 最不合理。

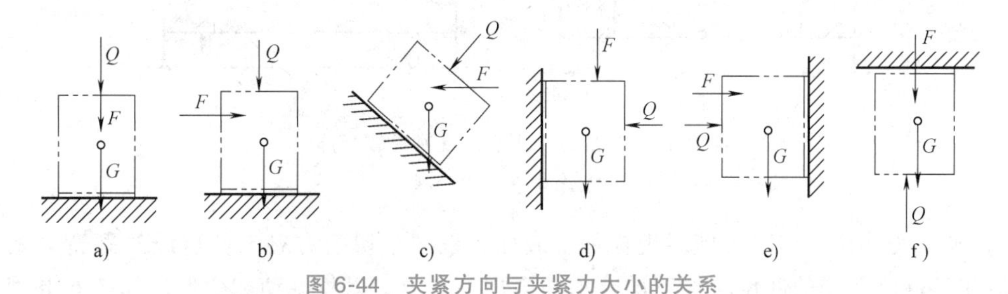

图 6-44　夹紧方向与夹紧力大小的关系

a）最合理　b）较合理　c）可行　d）不合理　e）不合理　f）最不合理

（3）夹紧力作用方向应使工件变形最小　由于工件不同方向上的刚度是不一致的，不同的受力表面也因其接触面积不同而变形各异，尤其在夹紧薄壁工件时，更需注意。如图 6-45 所示的套筒，用自定心卡盘夹紧外圆，显然要比用特制螺母从轴向夹紧工件的变形大得多。

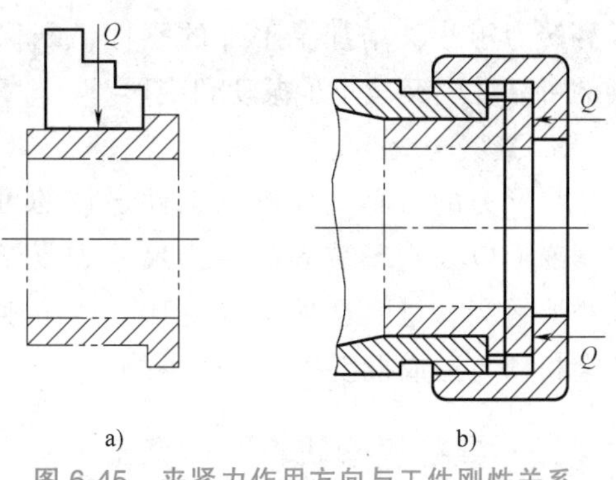

图 6-45　夹紧力作用方向与工件刚性关系

a）不合理　b）合理

2. 夹紧力作用点的选择

选择作用点的问题是指在夹紧方向已定的情况下，确定夹紧力作用点的位置和数目。由于夹紧力作用点的位置和数目直接影响工件定位后的可靠性和夹紧后的变形，应依据以下原则。

1）夹紧力作用点应落在支承元件上或几个支承元件所形成的支承面内。如图 6-46a 所示，夹紧力作用点在支承面范围之外，会使工件倾斜或移动，而如图 6-46b 所示，夹紧力作用点在支承面范围之内则是合理的。

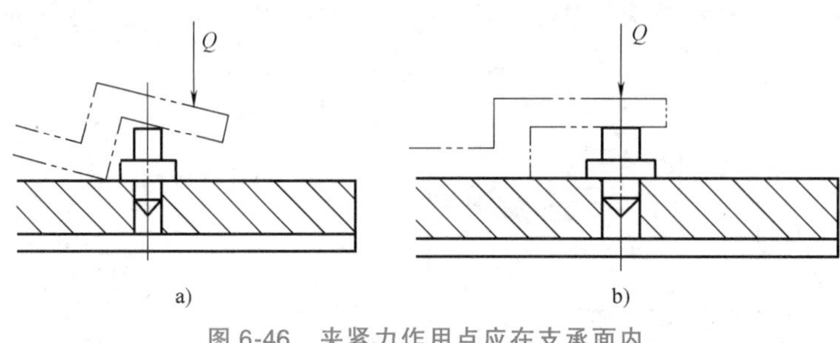

图 6-46　夹紧力作用点应在支承面内

a）不合理　b）合理

2）夹紧力作用点应落在工件刚性好的部位上。如图 6-47 所示，将作用在壳体中部的单点改成在工件外缘处的两点夹紧，工件的变形大为改善，且夹紧也更可靠。该原则对刚度差的工件尤其重要。

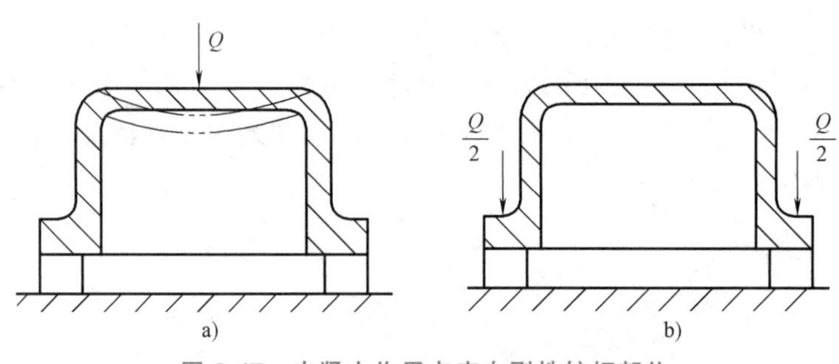

图 6-47　夹紧力作用点应在刚性较好部位

a）不合理　b）合理

3）夹紧力作用点应尽可能靠近被加工表面，以减小切削力对工件造成的翻转力矩。必要时应在工件刚性差的部位增加辅助支承并施加夹紧力，以免振动和变形。如图 6-48 所示，支承 3 尽量靠近被加工表面，同时给予夹紧力 Q_2。这样翻转力矩小又增加了工件的刚性，既保证了定位夹紧的可靠性，又减小了振动和变形。

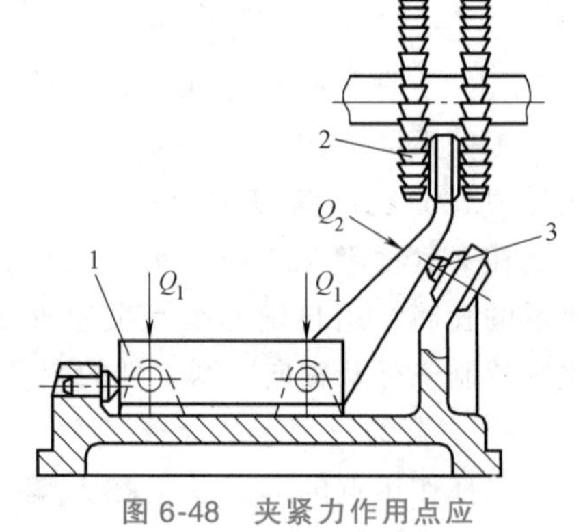

图 6-48　夹紧力作用点应靠近被加工表面

1—工件　2—刀具　3—支承

3. 夹紧力大小

夹紧力的大小主要影响工件定位的可靠性、工件夹紧变形以及夹紧装置的结构尺寸和复杂性，夹紧力大小要适当，过大会使工件变形，过小则在加工时工件会松动，造成报废甚至发生事故。

三、典型夹紧机构

夹紧机构种类很多，但最常用的有以下几种。

1. 斜楔夹紧机构

利用斜楔直接或间接压紧工件的机构称为斜楔夹紧机构。图 6-49 所示为几种用斜楔夹紧机构夹紧工件的实例。图 6-49a 所示为在工件上钻互相垂直的 ϕ8mm、ϕ5mm 的两组孔。工件装入后，锤击斜楔大头，夹紧工件。加工完成后，锤击斜楔小头，松开工件。这种机构夹紧力较小，且操作费时，所以实际生产中常将斜楔与其他机构联合起来使用。图 6-49b 所示为将斜楔与滑柱合成一种夹紧机构，可以手动，也可以气压驱动。图 6-49c 所示为由端面斜楔与压板组合而成的夹紧机构。

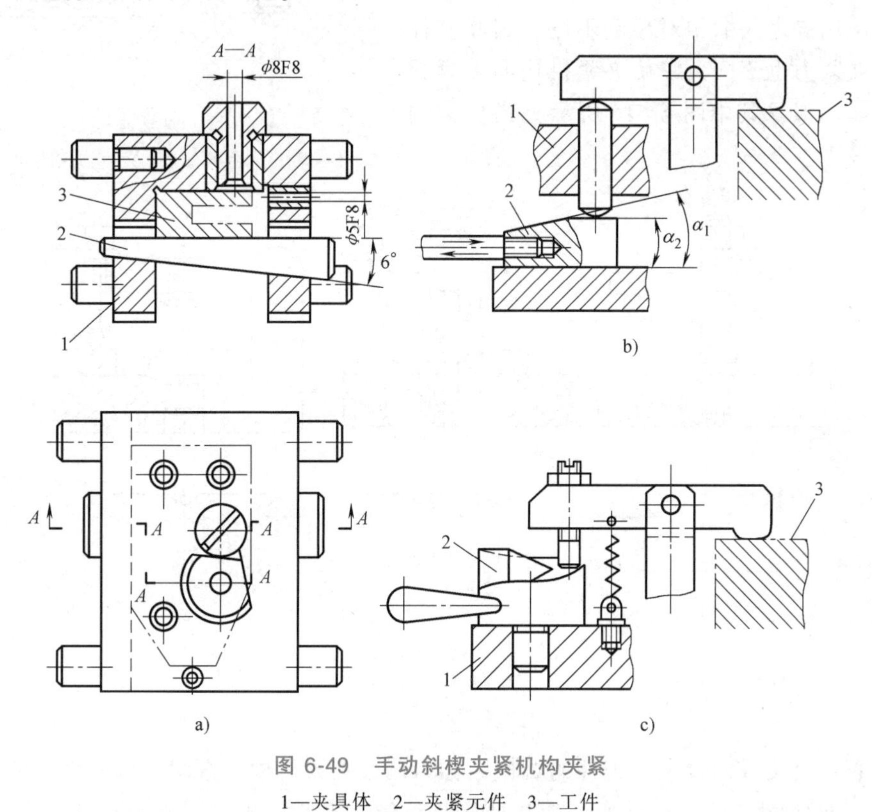

图 6-49　手动斜楔夹紧机构夹紧

1—夹具体　2—夹紧元件　3—工件

斜楔夹紧要求当原始作用力撤销以后斜楔仍处于夹紧工件的状态，即斜楔自锁。斜楔的自锁条件是：斜楔的升角小于斜楔与工件、斜楔与夹具体之间的摩擦角之和。

为保证自锁和具有适当的夹紧行程，一般 α 不得大于 12°。

2. 螺旋夹紧机构

由螺钉、螺杆、螺母、垫圈、压板等元件组成的夹紧机构称为螺旋夹紧机构。螺旋夹紧机构不仅结构简单、容易制造，而且，由于螺旋是由平面斜楔缠绕在圆柱表面形成的，且螺旋线长、升角小，所以，螺旋夹紧机构自锁性能好、夹紧力和夹紧行程大，是应用最为广泛的一种手动夹紧机构。它主要有两种典型的结构形式。

(1) 单个螺旋夹紧机构　图 6-50 所示为单个螺旋夹紧机构。图 6-50a 所示为简单的螺钉夹紧机构，其缺点是需用扳手旋动，螺钉头部与工件直接接触会破坏工件的定位，并由于应力集中易压伤工件的夹压表面，故适用性差。图 6-50b 所示为带手柄的结构，使用方便，且螺钉夹紧端配置有浮动压块 4，故夹紧时不仅能与工件的被压表面保持良好的接触，而且也不会损伤工件表面。

（2）螺旋压板夹紧机构　实际生产中，螺旋压板夹紧机构在手动操作时用得比单螺旋夹紧更为普遍，如图 6-51 所示。图 6-51a、b 所示为两种移动压板螺旋夹紧机构，图 6-51c 所示为铰链压板式夹紧机构。它们是利用杠杆原理来实现夹紧作用的。由于这三种夹紧机构的夹紧点、支点和原动力作用点之间的相对位置不同，因此杠杆比各异，夹紧力也不同，螺旋夹紧机构的夹紧力计算与斜楔相似，其中图 6-51c 所示夹紧机构的增力倍数最大。

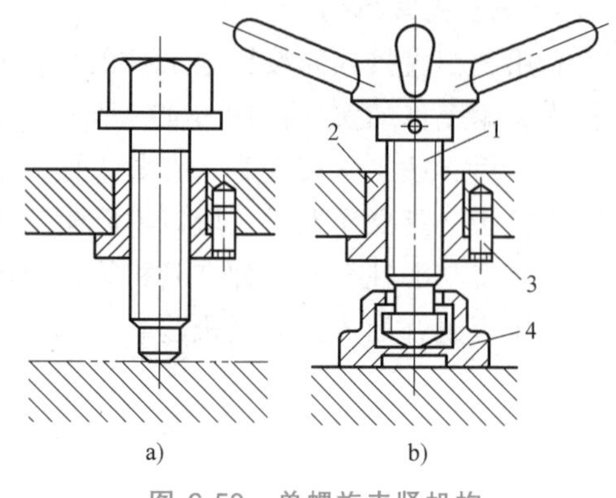

图 6-50　单螺旋夹紧机构

1—螺杆　2—螺母套　3—止动销　4—压块

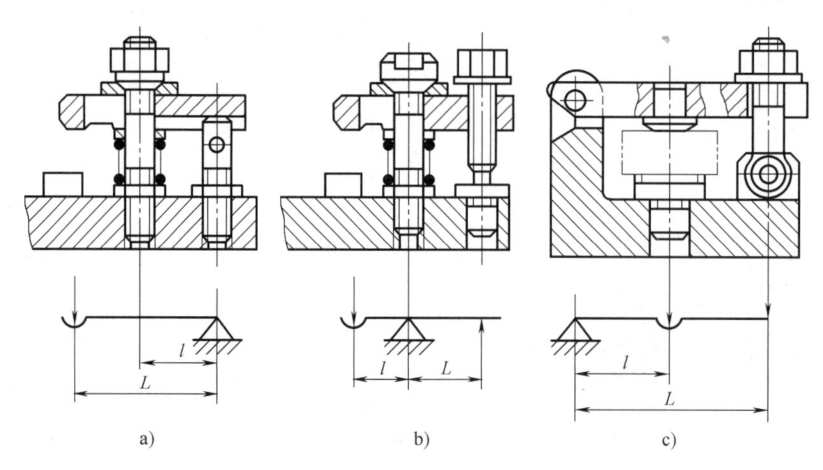

图 6-51　螺钉压板夹紧机构

3. 偏心夹紧机构

用偏心件直接或间接夹紧工件的机构，称为偏心夹紧机构。常用的偏心件一般有圆偏心轮和偏心轴两种类型。图 6-52 所示为常见的几种偏心夹紧机构。图 6-52a、b 采用的是圆偏心轮，图 6-52c 采用的是偏心轴，图 6-52d 采用的是偏心叉。

偏心夹紧机构的特点是结构简单、操作方便、夹紧迅速，缺点是夹紧力和夹紧行程小，结构不耐振，自锁可靠性差，故一般适用于夹紧行程及切削负荷较小且平稳的场合。

四、定心夹紧机构

当加工尺寸的工序基准是中心要素（轴线、中心平面等）时，为使基准重合以减少定位误差，可以采用定心夹紧机构，所以，定心夹紧机构主要用于要求准确定心或对中的场合。

（1）定心夹紧机构的工作原理　同时实现对工件定心定位和夹紧两个作用的机构称为定心夹紧机构。它是利用定位-夹紧元件的等速移动或均匀弹性变形的方式，使定位基面的尺寸偏差相对工序基准对称分布，从而消除其对定位的影响，保证定心定位。

（2）各类典型定心夹紧机构的特点及适用范围　定心夹紧机构按其定心作用原理有两种类型，一种是依靠传动机构使定心夹紧元件同时做等速移动，从而实现定心夹紧，如螺旋

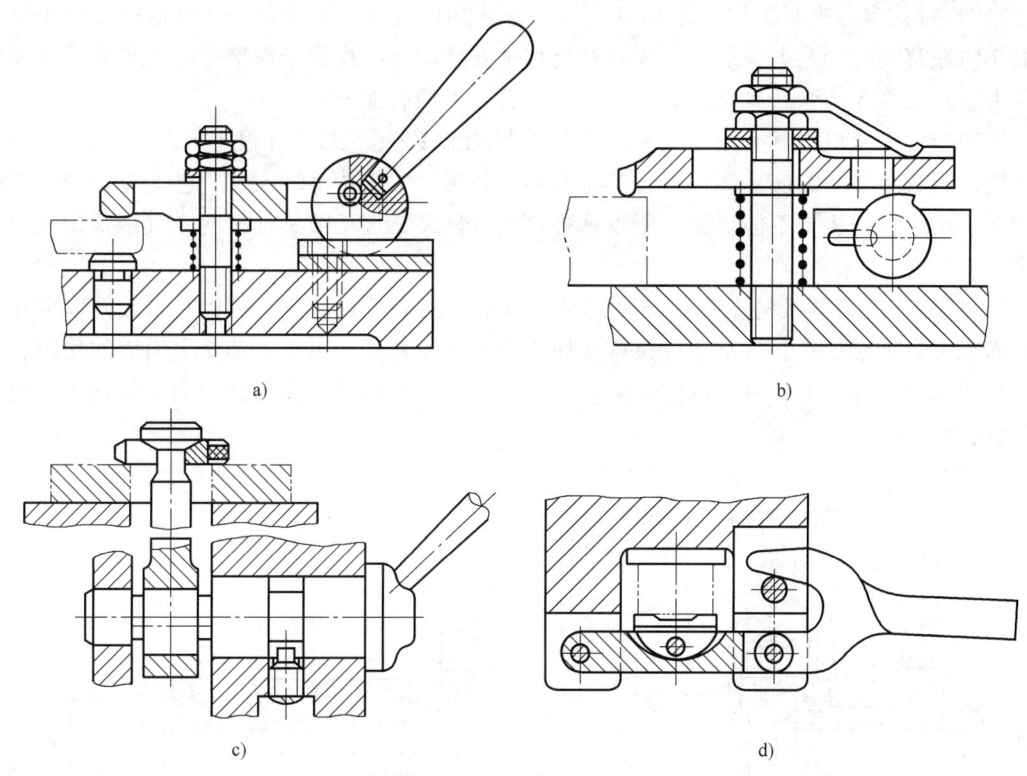

图 6-52　偏心夹紧机构

式、杠杆式、楔式机构等；另一种是定心夹紧元件本身做均匀地弹性变形（收缩或扩张），从而实现定心夹紧，如弹簧筒夹等。下面介绍常用的几种结构。

1）螺旋式定心夹紧机构。如图 6-53 所示，旋动有左、右螺纹的双向螺杆 6，使滑座 1、5 上的 V 形块钳口 2、4 做对向等速移动，从而实现对工件的定心夹紧；反之，便可松开工件。V 形块钳口可根据工件需要更换，对中精度可借助调节杆 3 实现。

这种定心夹紧机构的特点是结构简单、夹紧力和工作行程大、通用性好。但定心精度不高，一般为 $\phi0.05 \sim \phi0.1$mm，主要适用于粗加工或半精加工中需要行程大而定心精度要求不高的工件。

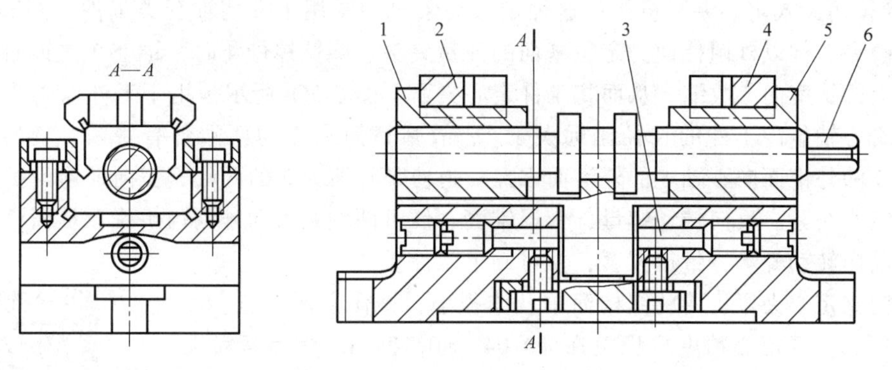

图 6-53　螺旋式定心夹紧机构

1、5—滑座　2、4—V 形块钳口　3—调节杆　6—双向螺杆

2）杠杆式定心夹紧机构。图 6-54 所示为车床用的气动定心卡盘，气缸通过拉杆 1 带动滑套 2 向左移动时，三个钩形杠杆 3 同时绕轴销 4 摆动，收拢位于滑槽中的三个夹爪 5 而将工件夹紧。夹爪 5 的张开靠拉杆右移时装在滑套 2 上的斜面推动。

这种定心夹紧机构具有刚性大、动作快、增力倍数大、工作行程也比较大（随结构尺寸不同，行程为 3～12mm）等特点，其定心精度较低，一般为 ϕ0.1mm。它主要用于工件的粗加工。由于杠杆机构不能自锁，所以这种机构自锁要靠气压或其他机构，其中采用气压的较多。

3）楔式定心夹紧机构。图 6-55 所示为机动的楔式夹爪自动定心机构。当工件以内孔及左端面在夹具上定位后，气缸通过拉杆 4 使六个夹爪 1 左移，由于本体 2 上斜面的作用，夹爪左移的同时向外张开，将工件定心夹紧；反之，夹爪右移时，在弹簧卡圈 3 的作用下使夹爪收拢，将工件松开。

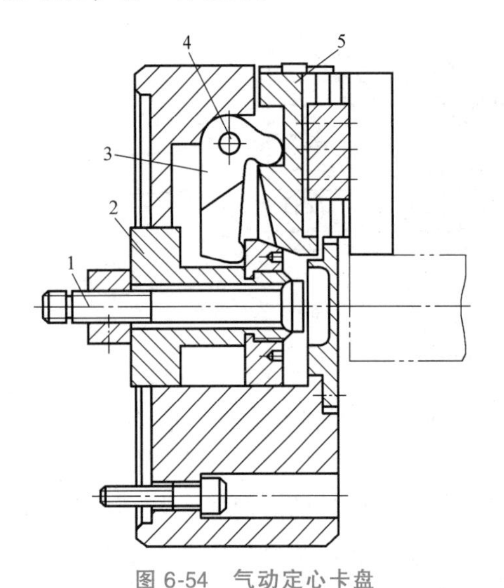

图 6-54 气动定心卡盘

1—拉杆 2—滑套 3—钩形杠杆 4—轴销 5—夹爪

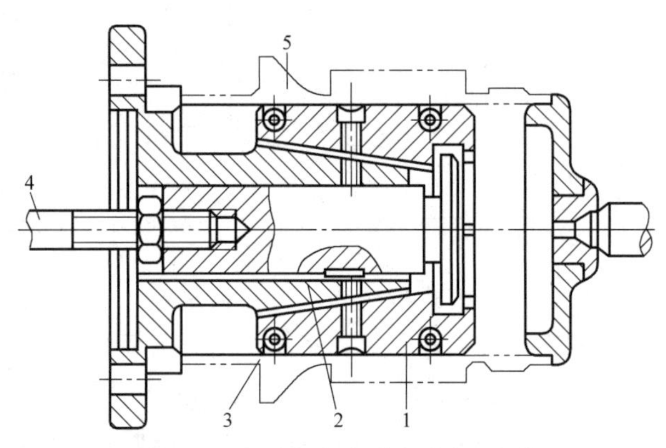

图 6-55 机动楔式夹爪自动定心机构

1—夹爪 2—本体 3—弹簧卡圈 4—拉杆 5—工件

这种定心夹紧机构的结构紧凑且传动准确，定心精度一般可达 ϕ0.02～ϕ0.07mm，比较适用于工件以内孔作定位基面的半精加工工序。

4）弹簧筒夹式定心夹紧机构。这种定心夹紧机构常用于安装轴套类工件。图 6-56a 所示为用于装夹工件以外圆柱面为定位基面的弹簧夹头。旋转螺母 4 时，锥套 3 内锥面迫使弹簧筒夹 2 上的簧瓣向心收缩，从而将工件定心夹紧。图 6-56b 所示是用于工件以内孔为定位基面的弹簧心轴。因工件的长径比远大于 1，故弹簧筒夹 2 的两端各有簧瓣。旋转螺母 4 时，锥套 3 的外锥面向心轴 5 的外锥面靠拢，迫使弹簧筒夹 2 的两端簧瓣向外均匀扩张，从而将工件定心夹紧。反向转动螺母，带退锥套，便可两端簧瓣向外均匀扩张，从而将工件定心夹紧。反向转动螺母，带退锥套，便可卸下工件。

弹簧筒夹定心夹紧机构的结构简单、体积小、操作方便迅速，因而应用十分广泛。其定心精度可稳定在 ϕ0.04～ϕ0.10mm。受弹簧筒夹变形的影响，为保证弹簧筒夹正常工作，工件定位基面的尺寸公差应控制在 0.1～0.5mm，且夹紧力较小，故一般适用于精加工或半精加工场合。

6-3 典型夹紧机构

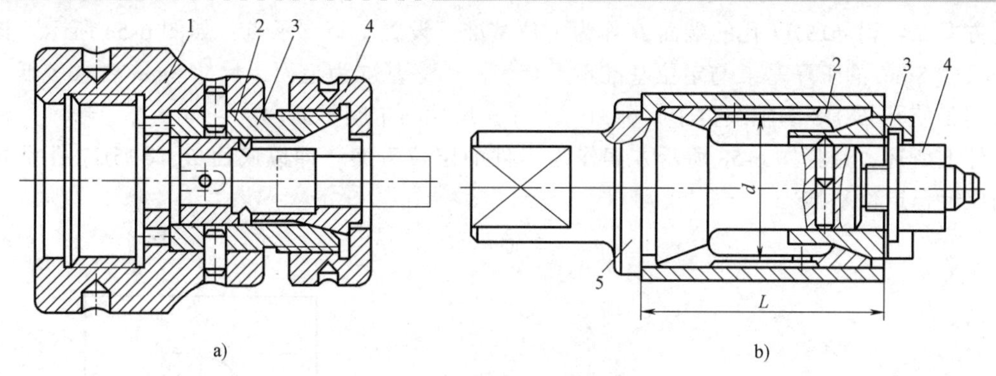

图 6-56　弹簧夹头和弹簧心轴

1—夹具体　2—弹簧筒夹　3—锥套　4—螺母　5—心轴

【任务实施】

1. 分析加工要求

2×M8 螺纹底孔相距（40±0.1）mm，其中一孔到侧面 *E* 的距离为 8mm，两螺纹孔中心连线至 ϕ15H7 孔中心距离为（20±0.1）mm，ϕ8H8 孔位于尺寸（60±0.1）mm 的中间平面内，且距底面 *B* 的尺寸为（25.5±0.05）mm，ϕ8H8 孔轴线相对 ϕ15H7 孔轴线垂直度公差为 ϕ0.1mm。

2. 根据加工要求确定工件所需限制的自由度

为保证螺纹底孔的尺寸 8 mm 和（20±0.1）mm 及底孔轴线对 *B* 面垂直，需限制工件的 $\vec{x}$、$\vec{y}$、$\widehat{x}$、$\widehat{y}$、$\widehat{z}$ 5 个自由度；为保证 ϕ8H8 孔位于尺寸（60±0.1）mm 的中间平面内且距 *B* 面的尺寸为（25.5±0.05）mm 及该孔轴线与 ϕ15H7 孔轴线垂直，需限制工件的 $\vec{x}$、$\vec{z}$、$\widehat{x}$、$\widehat{y}$、$\widehat{z}$ 5 个自由度。因此，应限制工件的全部自由度才能保证加工要求。

3. 选择定位基准、确定工件定位面上的支承点分布

定位基准的选择应尽可能遵循基准重合原则，并尽量选用精基准定位。故以底面 *B* 作为主要定位基准，设置 3 个支承点，限制工件的 $\vec{z}$、$\widehat{x}$、$\widehat{z}$ 3 个自由度，以保证螺纹底孔轴线到 *B* 面的尺寸（25.5±0.05）mm。

对工件 $\vec{y}$、$\widehat{z}$ 2 个自由度的限制有两种方案。

方案一：以表面 *C* 作为定位基准，设置 2 个支承点，如图 6-57 所示，这种方案因表面 *C* 为毛面，所以难以保证尺寸（20±0.1）mm 及 ϕ8H8 孔轴线相对 ϕ15H7 孔轴线的垂直度要求。

方案二：以 ϕ15H7 孔作为定位基准，设置 2 个支承点，如图 6-58 所示。符合基准重合原则，能满足要求，但定位元件结构相对复杂。

比较两种方案后，选用以 ϕ15H7 孔作为定位基准的方案。

对工件 $\vec{x}$ 自由度的限制也有两种方案。

方案一：以表面 *E* 作为定位基准，设置 1 个支承点，如图 6-57 所示。使尺寸 8mm 的工序基准和定位基准重合，便于保证该尺寸。但 *E* 面为毛面，此时很难保证 ϕ8H8 孔轴线位于（60±0.1）mm 尺寸的中间平面上，且定位元件数量增多，使定位装置结构复杂。

方案二：以 ϕ15H7 孔的端面 D 作为定位基准，设置 1 个支承点，如图 6-58 所示。该方案使尺寸 8mm 的工序基准与定位基准不重合。因工序基准为毛面，尺寸 8mm 要求较低，并且有利于使孔 ϕ8H8 的轴线位于（60±0.1）mm 尺寸的中间平面内。

综上所述，选择图 6-58 所示方案作为工件的定位方案，即以底面 B、ϕ15H7 孔及端面 D 构成组合定位基准

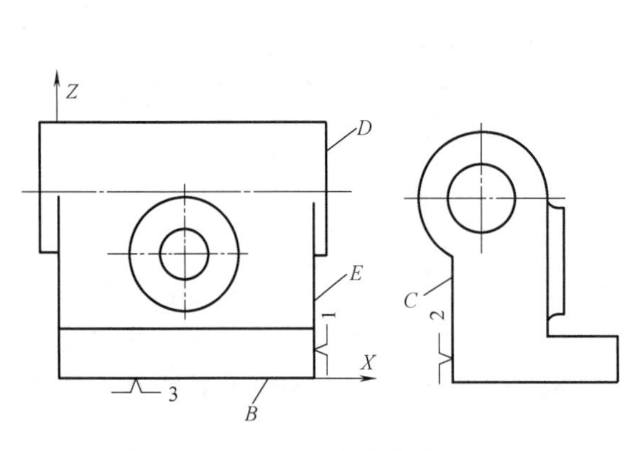

图 6-57　支座定位方案分析（一）

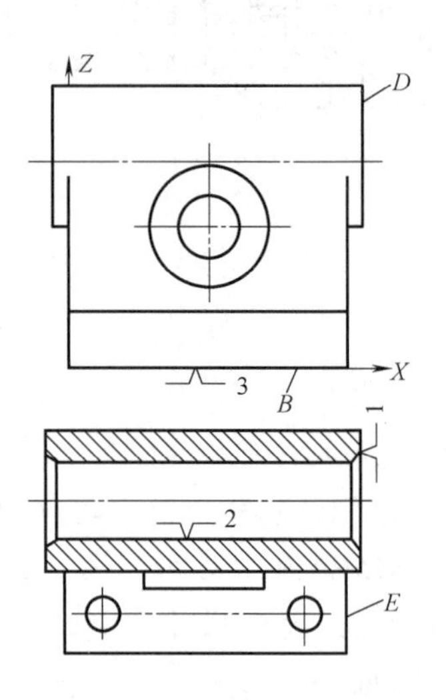

图 6-58　支座定位方案分析（二）

4. 选择定位元件的结构、设计定位装置

（1）选择定位元件的结构　因工件底面尺寸较小且定位元件必须让开钻孔位置，故选择一块支承板和两个平头支承钉构成钉板组合，定位工件的 B 面。用定位元件定位工件的内孔及端面时，仍有两种方案。

方案一：选用固定式带台阶削边销和移动削边销定位 ϕ15H7 孔及端面 D，如图 6-59a 所示。其结构相对复杂，夹具的制造成本高，故不宜采用。

方案二：选用带台阶的削边长轴定位工件的 ϕ15H7 孔及端面 D，如图 6-59b 所示，限制了工件的 $\vec{x}$、$\widehat{y}$、$\widehat{z}$ 3 个自由度，可保证加工要求。

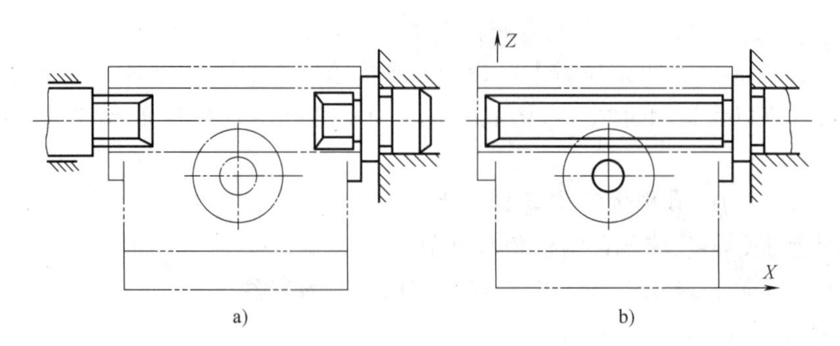

图 6-59　定位元件结构分析

（2）设计定位装置　工件是由平面、孔及端面组合定位的。此时削边轴仍需补偿孔的位置误差及定位元件之间的距离尺寸误差。设计计算方法与两孔定位相似。

1）削边轴与平面支承元件工作面之间的距离。其公称尺寸应为工件孔到底面的平均尺寸，公差可根据推荐范围$\pm\Delta_{ld}=\pm(1/5\sim1/2)\Delta_{LD}$，再考虑尺寸（40±0.05）mm、生产批量及制造夹具的设备精度等选择合适的系数。此例取削边轴至支承元件工作面之间的距离为(40±0.02)mm。

2）计算削边轴直径 d。查表得削边轴的宽度 $b=4\text{mm}$，代入 $b=\dfrac{DX_{\min}}{2(\Delta_{LD}+\Delta_{ld})}$中可得

$$X_{\min}=\frac{2b(\Delta_{LD}+\Delta_{ld})}{D}=\frac{2\times4\times(0.05+0.02)}{15}\text{mm}=0.037\text{mm}$$

$$d=(15\text{mm}-0.037\text{mm})\text{h6}=14.936_{-0.011}^{\ \ 0}\text{mm}=15_{-0.048}^{-0.037}\text{mm}$$

5. 计算定位误差

1）尺寸 8mm 的定位误差，因其工序基准为毛面，精度要求低，故无需计算。

2）尺寸（25.5±0.05)mm 的定位误差，工序基准为 B 面，定位基准也为 B 面，且是以平面定位，故 $\Delta_D=0\text{mm}$。

3）尺寸（20±0.1)mm 的定位误差，工序基准与定位基准重合，则 $\Delta_B=0\text{mm}$。基准位移误差 $\Delta_Y=0.018\text{mm}+0.048\text{mm}=0.066\text{mm}<0.2\text{mm}/3\approx0.067\text{mm}$。

4）垂直度 ϕ0.1mm 的定位误差，工序基准与定位基准重合，则 $\Delta_B=0\text{mm}$。

如图 6-60 所示，转角误差 $\Delta_\theta/2$ 是由定位基准（ϕ15H7 孔轴线）相对削边轴的轴线转动而引起，故

$$\tan\frac{\Delta_\theta}{2}=\frac{\dfrac{0.018+0.048}{2}}{30}=0.0011,\text{可得}\frac{\Delta_\theta}{2}=3'47''$$

$$\Delta_Y=25\sin\frac{\Delta_\theta}{2}=25\sin3'47''=0.0275\text{mm}$$

$$\Delta_D=\Delta_Y=0.0275\text{mm}<0.1\text{mm}/3\approx0.033\text{mm}$$

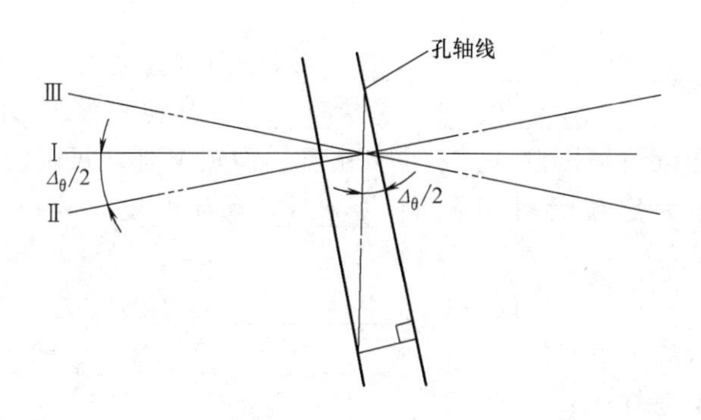

图 6-60　定位误差分析

Ⅰ—削边销轴线　Ⅱ、Ⅲ—ϕ15H7 孔轴线极限位置

至此，完成了支座定位装置的设计，图 6-61 所示为支座定位装置的结构。以上步骤是设计定位装置的一般程序，在实际工作中，其先后顺序可有差异，但分析问题的基本原理和方法是一致的。

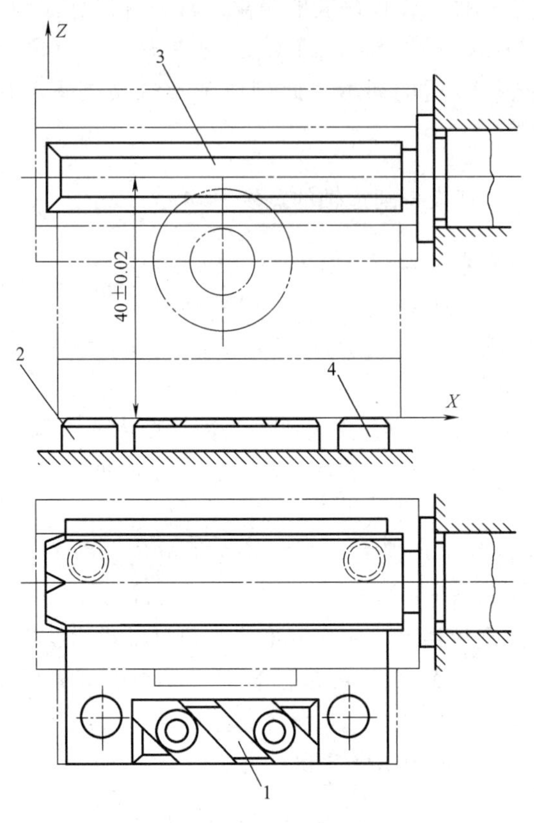

图 6-61　支座定位装置的结构

1—支承板　2、4—支承钉　3—削边销

【知识与能力测试】

一、填空题

1. 工件在机床中__________和__________的过程可称为装夹。

2. 夹具由______、______、______、______、______和其他装置或元件组成。

3. 长 V 形块作为定位元件可限制______个自由度，而短 V 形块可限制______个自由度。

4. 采用一面两销作为定位元件可限制________个自由度，两销中的一个最好为________销，可防止过定位。

5. 定位误差主要由__________误差和__________误差组成。

6. 工件以平面定位时的定位元件主要有________、________、________和辅助支承。

7. 典型的夹紧机构主要有__________、__________、__________等。

8. 夹紧力的三要素是指__________、__________和__________。

9. 采用双圆锥销定位，可限制工件的__________个自由度。

10. 斜楔夹紧机构的自锁条件为__________。

二、判断题

1. 为提高生产率应尽量采用专用夹具。(　　)

2. 工件定位就等于确定了工件在机床和夹具中的准确位置。(　　)

3. 可调支承在使用中应每加工一个件调整一次。(　　)

4. 短定位销可限制工件的 4 个自由度。(　　)

5. 采用一面两销作为定位元件可限制工件的 7 个自由度。(　　)

6. 辅助支承件不限制工件自由度，它仅增加工件的刚度。(　　)

7. 为保证加工精度，必须使定位误差控制在工件公差的三分之一以内。(　　)

8. 夹紧力的作用点应尽量靠近工件的加工面。(　　)

9. 采用一个圆锥销可限制工件的 3 个自由度。(　　)

10. 斜楔夹紧机构在任何条件下均可自锁。(　　)

三、综合题

1. 机床夹具有哪几个组成部分？各起什么作用？

2. 固定支承有哪几种形式？各适用于什么场合？

3. 夹紧力如何确定（力的方向、力的作用点、力的大小）？试举例说明。

4. 使用辅助支承和可调支承时应注意什么问题？并举例说明辅助支承的应用。

5. 工件以平面为定位基准时，常用哪些定位元件，各用于什么场合？

6. 工件除以平面定位外，还常用哪些表面作定位基准？相应的定位元件常用哪些类型？

7. 根据六点定位原则，试分析图 6-62 所示各定位元件所消除的自由度。

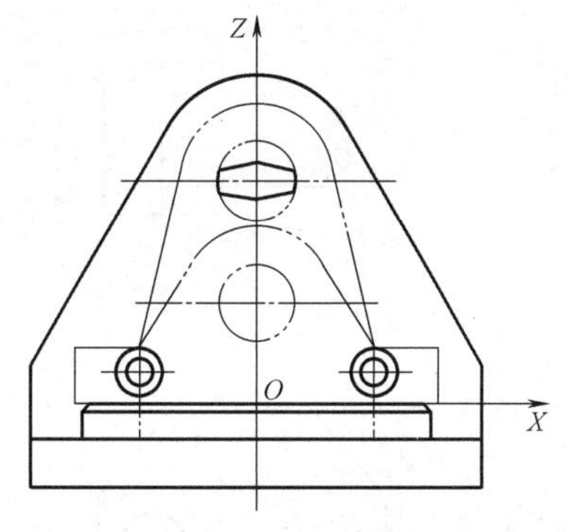

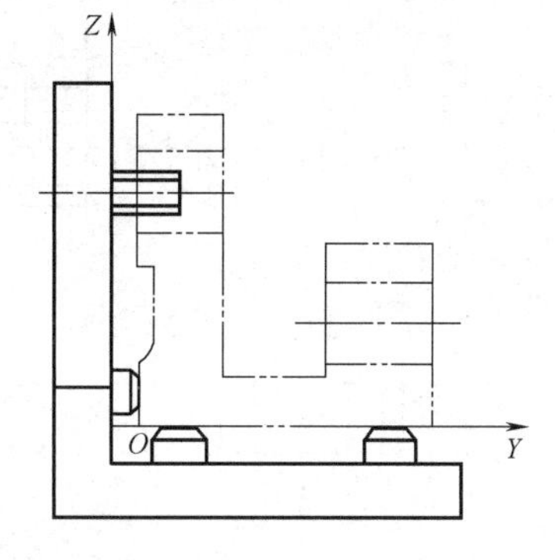

图　6-62

8. 如图 6-63 所示一批零件，欲在铣床上加工 C、D 面，其余各表面均已加工完毕，符合图样规定的精度要求。应如何选择定位方案？

9. 有一批套类零件，如图 6-64 所示。欲在其上铣一键槽，试分析计算各种定位方案中，H_1、H_2、H_3的定位误差。

1）在可胀心轴上定位（图 6-64b）。

2）在处于水平位置的刚性心轴上具有间隙定位。定位心轴直径为 $d_{ei_d}^{es_d}$（图 6-64c）。

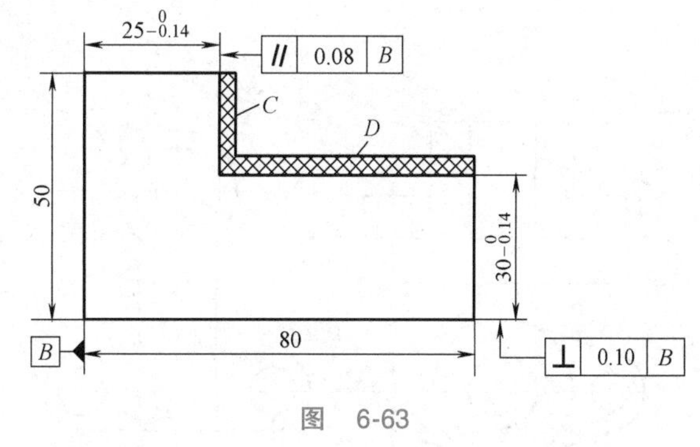

图　6-63

3）在处于垂直位置的刚性心轴上具有间隙定位。定位心轴直径为 $d_{ei_d}^{es_d}$。

4）如果考虑工件内外圆同轴度误差为 t，上述三种定位方案中，H_1、H_2、H_3的定位误差各是多少？

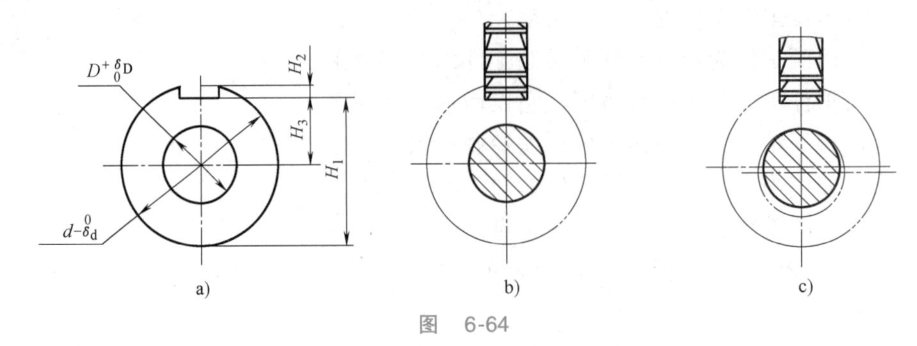

图 6-64

10. 分析图 6-65 所列加工零件必须限制的自由度，选择定位基准和定位元件，并在图中示意画出。

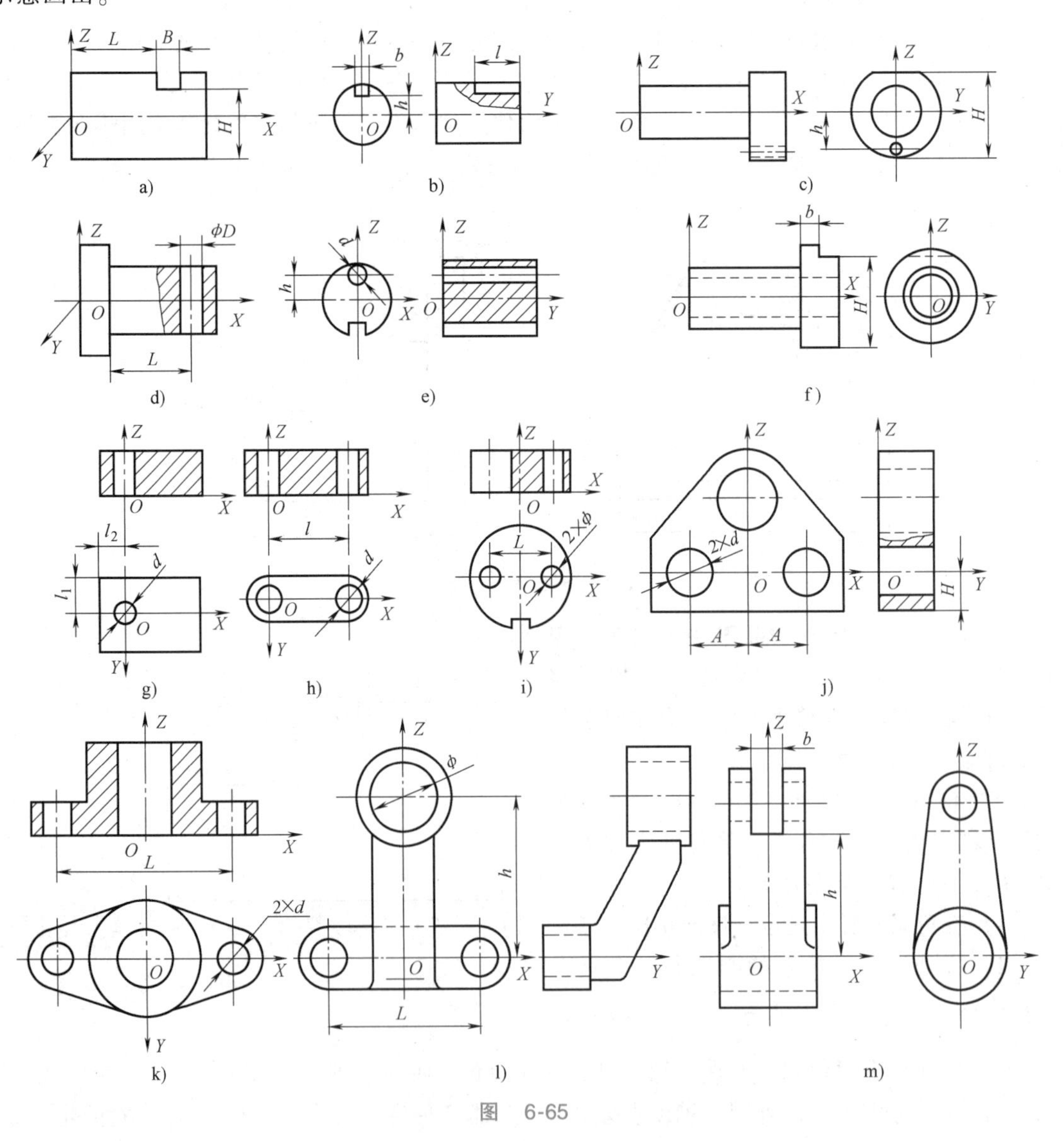

图 6-65

7

第七章　典型零件机械加工工艺文件的制订

【知识与能力目标】

1）了解典型零件的功用与结构特点。
2）掌握典型零件的主要技术要求。
3）具有典型零件加工方案选择的能力。
4）具有典型零件工艺性分析的能力。
5）初步具备典型零件的加工工艺文件编写能力。
6）培养精益求精的工匠精神。

【课程思政】

大国工匠——夏立

卫星通信天线是卫星数据链中的主要设备，卫星通信天线的制作工艺要求精度误差必须控制在2~3丝，即0.02~0.03mm，相当于一根发丝的1/3粗细。中国电科网络通信子集团（54所）高级技师夏立，就是一位在“丝”的维度上工作的人，一位“在刀尖上跳舞”的工匠。

夏立1987年进入中国电科网络通信子集团（54所）工作，30多年一直从事天线制造工作，65m射电望远镜、太赫兹小型高精度天线、嫦娥工程、北斗工程、索马里护航船站、国庆阅兵、远望系列船、国家地震局应急通信工程、中央电视台上星站……在这些国家级重大项目中，都有夏立及其团队的身影。作为一名钳工，在博士扎堆儿的研究所里毫不显眼，但是博士工程师设计出来的图样能不能落到实处，都要听听他的意见。几十年的时间里，夏立天天和半成品通信设备打交道，在生产、组装工艺方面，夏立攻克了一个又一个难关，创造了一个又一个奇迹。上海65m射电望远镜要实现灵敏度高、指向精确等性能，其核心部件方位俯仰控制装置的齿轮间隙要达到小于0.004mm。完成这个“不可能的任务”的，就是有着近30年钳工经验的夏立。“工匠精神就是坚持把一件事做到最好。”夏立是这么说的，也是如此坚持的。脚踏实地，知行合一，大国工匠，实至名归！

第一节　轴类零件机械加工工艺文件的制订

一、轴类零件的基础知识

1. 轴类零件的功用与结构特点

(1) 功用　支承传动零件（齿轮、带轮等）、传递转矩、承受载荷以及保证装在主轴上的工件或刀具具有一定的回转精度。

(2) 分类　轴类零件按其结构形状的特点，可分为光轴、阶梯轴、空心轴和异形轴（包括曲轴、凸轮轴和偏心轴等）四类，如图 7-1 所示。若按轴的长度和直径的比例来分，又可分为刚性轴（$L/d \leqslant 12$）和挠性轴（$L>12$）两类。

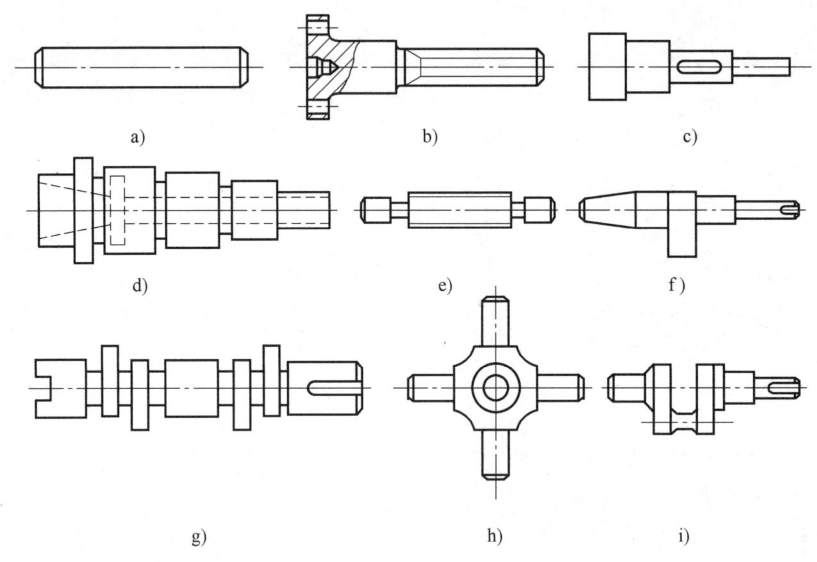

图 7-1　轴的种类

a）光轴　b）空心轴　c）半轴　d）阶梯轴　e）花键轴　f）十字轴　g）偏心轴　h）曲轴　i）凸轮轴

(3) 表面特点　具有外圆、内孔、圆锥、螺纹、花键及横向孔等。

2. 轴类零件的主要技术要求

1）尺寸精度。轴颈是轴类零件的主要表面，它影响轴的回转精度及工作状态。轴颈的直径公差等级根据其使用要求通常为 IT6~IT9，精密轴颈可达 IT5。

2）几何形状精度。轴颈的几何形状精度（圆度、圆柱度），一般应限制在直径公差范围内。对几何形状精度要求较高时，可在零件图上另行规定其允许的公差。

3）位置精度。主要是指装配传动件的配合轴颈相对于装配轴承的支承轴颈的同轴度，通常是用配合轴颈对支承轴颈的径向圆跳动来表示的；根据使用要求，规定高精度轴的同轴度公差为 0.001~0.005mm，而一般精度轴的同轴度公差为 0.01~0.03mm。

此外还有内外圆柱面的同轴度和轴向定位端面与轴线的垂直度要求等。

4）表面粗糙度。根据零件表面工作部位的不同，可有不同的表面粗糙度值，例如普通机床主轴支承轴颈的表面粗糙度为 $Ra0.63 \sim 0.16\mu m$，配合轴颈的表面粗糙度为 $Ra2.50 \sim$

0.63μm，随着机器运转速度的增大和精密程度的提高，轴类零件表面粗糙度值也将越来越小。

3. 轴类零件的材料

合理选用材料和规定热处理的技术要求，对提高轴类零件的强度和使用寿命有重要意义，同时，对轴的加工过程有极大的影响。轴类零件应根据不同的工作条件和使用要求选用不同的材料并采用不同的热处理规范（如调质、正火、淬火等），以获得一定的强度、韧性和耐磨性。

1）一般轴类零件常用45钢，它价格便宜，经过调质（或正火）后，可得到较好的切削性能，而且能获得较高的强度和韧性等，具有良好的综合力学性能，淬火后表面硬度可达45~52HRC。

2）对中等精度而转速较高的轴类零件，可选用40Cr等合金钢。这类钢经调质和表面淬火处理后，具有较高的综合力学性能。

3）精度较高的轴可选用轴承钢GCr15和弹簧钢65Mn等材料，它们通过调质和表面淬火处理后，表面硬度可达50~58HRC，并具有较高的耐疲劳性能和较好的耐磨性能，可制造较高精度的轴。

4）对于高转速、重载荷等条件下工作的轴，可选用20CrMnTi、20Mn2B、20Cr等低碳合金钢或38CrMoAlA渗氮钢。低碳合金钢经渗碳淬火处理后，具有很高的表面硬度、抗冲击韧性和心部强度，热处理变形却很小。

5）精密机床主轴（例如磨床砂轮轴、坐标镗床主轴），可选用38CrMoAlA渗氮钢，这种钢经调质和表面渗氮后，不仅能获得很高的表面硬度，而且能保持较软的心部，因此耐冲击韧性好。与渗碳淬火钢比较，它有热处理变形很小，硬度更高的特性。

4. 轴类零件的毛坯

轴类零件可根据使用要求、生产类型、设备条件及结构，选用棒料、锻件等毛坯形式。对于外圆直径相差不大的轴，一般以棒料为主；而对于外圆直径相差大的阶梯轴或重要的轴，常选用锻件，这样既节约材料又减少机械加工的工作量，还可改善力学性能。

根据生产规模的不同，毛坯的锻造方式有自由锻和模锻两种。中小批生产多采用自由锻，大批大量生产时采用模锻。

5. 轴类零件的热处理安排

1）正火或退火。锻造毛坯，可以细化晶粒，消除应力，降低硬度，改善切削加工性能。

2）调质。安排在粗车之后、半精车之前，以获得良好的物理力学性能。

3）表面淬火。安排在精加工之前，这样可以纠正因淬火引起的局部变形。

4）低温时效处理。精度要求高的轴，在局部淬火或粗磨之后进行。

6. 轴类零件外圆表面加工方案的选择

零件上一些精度要求较高的面，仅用一种加工方法往往是达不到其规定的技术要求的。这些表面必须顺序地进行粗加工、半精加工和精加工等加工方法以逐步提高其表面精度。不同加工方法有序的组合即为加工方案。第四章中的表4-1即为外圆柱面的加工方案。

确定某个表面的加工方案时，先由加工表面的技术要求（加工精度和表面粗糙度等）确定最终加工方法，然后根据此种加工方法的特点确定前道工序的加工方法，如此类推。但由于获得同精度及表面粗糙度的加工方法可有若干种，实际选择时还应结合零件的结构、形状、尺寸大小及材料和热处理的要求全面考虑。

表 4-1 中序号 3（粗车-半精车-精车）与序号 5（粗车-半精车-磨削）的两种加工方案能达到同样的精度等级。但当加工表面需淬硬时，最终加工方法只能采用磨削。如加工表面未经淬硬，则两种加工方案均可采用。若零件材料为有色金属，一般不宜采用磨削。

再如表 4-1 中序号 7（粗车-半精车-粗磨-精磨-超精加工）与序号 10（粗车-半精车-粗磨-精磨-研磨）两种加工方案也能达到同样的加工精度。当表面配合精度要求比较高时，最终加工方法采用研磨较合适；当只需要较小的表面粗糙度值时，则采用超精加工较合适。但不管采用研磨还是超精加工，其对加工表面的形状精度和位置精度改善均不显著，所以前道工序应采用精磨，使加工表面的位置精度和几何形状精度达到技术要求。

7. 轴类零件内圆表面加工方案及其选择

表 4-2 为孔的加工方案。选择加工方案时应考虑零件的结构形状、尺寸大小、材料和热处理要求以及生产条件等。例如，表 4-2 中序号 5（钻-扩-铰）和序号 8（钻-扩-拉）两种加工方案能达到的技术要求基本相同，但序号 8 所示的加工方案在大批大量生产中采用较为合理。再如序号 11［粗镗（粗扩）-半精镗（精扩）-精镗（铰）］和序号 13［粗镗（扩）-半精镗-磨］两种加工方案达到的技术要求也基本相同，但如果内孔表面经淬火后只能用磨孔方案（即序号 13），而材料为有色金属时采用序号 11 所示方案为宜，如未经淬硬的工件则两种方案均能采用，这时可根据生产现场设备等情况来决定加工方案。

8. 轴类零件其他表面的加工位置安排

轴类零件除了内外圆表面的加工以外，还包括各种沟槽、倒角等加工要求。通常把轴类零件上要加工的内外圆表面称为主要加工面，其余的称为次要加工面，检验等工序称为辅助工序。

在前面章节中已经讲述过，安排加工工序位置时，必须考虑先后主次原则，即将键槽等加工工序安排在外圆的精加工之前，中间穿插热处理工序。

二、机械加工工艺文件的制订

已知减速器中的传动轴零件（图 7-2）为小批生产，要求分析该零件的加工工艺，并制订工艺过程。

1. 零件结构分析

传动轴属于台阶轴类零件，由圆柱面、轴肩、螺纹、螺尾退刀槽、砂轮越程槽和键槽等组成。轴肩一般用来确定安装在轴上零件的轴向位置，各环槽的作用是使零件装配时有一个正确的位置，并使加工中磨削外圆或车螺纹时退刀方便；键槽用于安装键，以传递转矩；螺纹用于安装各种锁紧螺母和调整螺母。

根据工作性能与条件，该传动轴图样规定了主要轴颈 M、N、外圆 P、Q 以及轴肩 G、H、I 有较高的尺寸精度、位置精度和较小的表面粗糙度值，并有热处理要求。这些技术要求必须在加工中给予保证。因此，该传动轴的关键工序是轴颈 M、N 和外圆 P、Q 的加工。

2. 毛坯的选择

该传动轴材料为 45 钢，因其属于一般传动轴，故选 45 钢可满足其要求。本任务中传动轴属于中、小传动轴，并且各外圆直径尺寸相差不大，故选择 ϕ60mm 的热轧圆钢作毛坯。

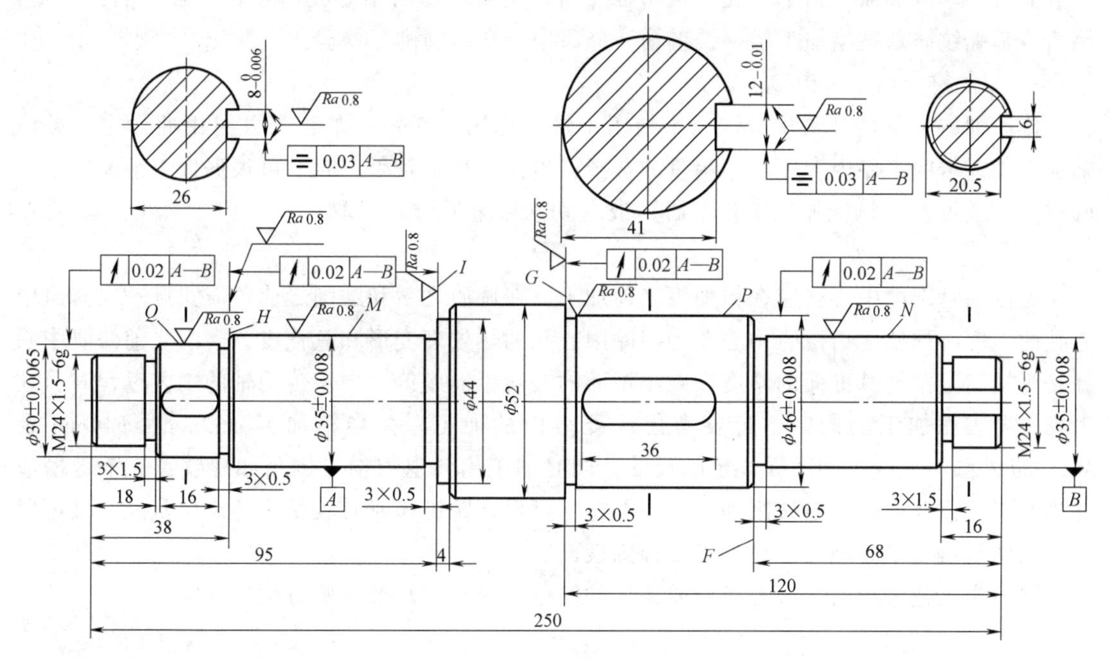

图 7-2 传动轴零件图

3. 定位基准的选择

合理地选择定位基准，对于保证零件的尺寸和位置精度有着决定性的作用。由于该传动轴的几个主要配合表面（*Q*、*P*、*N*、*M*）及轴肩面（*H*、*G*）对基准轴线 *A-B* 均有径向圆跳动和轴向圆跳动的要求，它又是实心轴，所以应选择两端中心孔为基准，采用双顶尖装夹方法，以保证零件的技术要求。

粗基准采用热轧圆钢的毛坯外圆。中心孔加工采用自定心卡盘装夹热轧圆钢的毛坯外圆，车端面、钻中心孔。但必须注意，一般不能用毛坯外圆装夹两次钻两端中心孔，而应该以毛坯外圆作粗基准，先加工一个端面，钻中心孔，车出一端外圆；然后以已车过的外圆作基准，用自定心卡盘装夹（有时在上工步已车外圆处搭中心架），车另一端面，钻中心孔。如此加工中心孔，才能保证两中心孔同轴。

4. 工艺路线的拟定

1）各表面加工方法的选择。传动轴大都是回转表面，主要采用车削与外圆磨削成形。由于该传动轴的主要表面 *M*、*N*、*P*、*Q* 的公差等级（IT6）较高，表面粗糙度 *Ra* 值（*Ra*0.8μm）较小，故车削后还需磨削。外圆表面的加工方案可为：粗车→半精车→磨削。

2）加工顺序的确定。对精度要求较高的零件，其粗、精加工应分开，以保证零件的质量。该传动轴加工划分为三个阶段：粗车（粗车外圆、钻中心孔等），半精车（半精车各处外圆、台阶和修研中心孔及次要表面等），粗、精磨（粗、精磨各处外圆）。各阶段划分大致以热处理为界。

轴的热处理要根据其材料和使用要求确定。对于传动轴，正火、调质和表面淬火用得较多。该轴要求调质处理，并安排在粗车各外圆之后，半精车各外圆之前。

综合上述分析，传动轴的工艺路线如下。

下料→车两端面，钻中心孔→粗车各外圆→调质→修研中心孔→半精车各外圆，车槽，倒角→车螺纹→划键槽加工线→铣键槽→修研中心孔→磨削→检验。

5. 加工尺寸和切削用量的确定

传动轴磨削余量可取0.5mm，半精车余量可选用1.5mm。加工尺寸可由此而定，见该轴加工工艺卡的工序内容。车削用量的选择，单件、小批量生产时，可根据加工情况由工人确定。一般可查《机械加工工艺手册》或《切削用量手册》选取。

6. 拟定工艺路线

定位精基准面中心孔应在粗加工之前加工，在调质之后和磨削之前各需安排一次修研中心孔的工序。调质之后修研中心孔为消除中心孔的热处理变形和氧化皮，磨削之前修研中心孔是为提高定位精基准面的精度和减小锥面的表面粗糙度值。拟定传动轴的工艺过程时，在考虑主要表面加工的同时，还要考虑次要表面的加工。在半精加工 ϕ52mm、ϕ44mm 及 M24mm 外圆时，应车到图样规定的尺寸，同时加工出各退刀槽、倒角和螺纹；三个键槽应在半精车后以及磨削之前铣削加工出来，这样可保证铣键槽时有较精确的定位基准，又可避免在精磨后铣键槽时破坏已精加工的外圆表面。

在拟定工艺过程时，应考虑检验工序的安排、检查项目及检验方法的确定。

7. 填写工艺文件

综上所述，所确定的传动轴机械加工工艺卡见表7-1。

表7-1 传动轴机械加工工艺卡

<table>
<tr><td colspan="3" rowspan="2"></td><td rowspan="2">机械加工工艺卡</td><td>产品名称</td><td></td><td>图号</td><td></td></tr>
<tr><td>零件名称</td><td>传动轴</td><td>共1页</td><td>第1页</td></tr>
<tr><td colspan="3">毛坯种类</td><td>圆钢　材料牌号</td><td>45</td><td>毛坯尺寸</td><td colspan="2">φ60mm×265mm</td></tr>
<tr><td rowspan="2">序号</td><td rowspan="2">工种</td><td rowspan="2">工步</td><td rowspan="2">工序内容</td><td rowspan="2">设备</td><td colspan="3">工具</td></tr>
<tr><td>夹具</td><td>刃具</td><td>量具</td></tr>
<tr><td>1</td><td>下料</td><td></td><td>φ60mm×265mm</td><td></td><td></td><td></td><td></td></tr>
<tr><td>2</td><td>车</td><td></td><td>自定心卡盘夹持工件毛坯外圆</td><td></td><td>卡盘</td><td></td><td></td></tr>
<tr><td></td><td></td><td>1</td><td>车端面见平</td><td>车床</td><td></td><td></td><td></td></tr>
<tr><td></td><td></td><td>2</td><td>钻中心孔</td><td>车床</td><td></td><td rowspan="2">中心钻φ2mm</td><td></td></tr>
<tr><td></td><td></td><td></td><td>用尾座顶尖顶住中心孔</td><td></td><td>顶尖</td><td></td></tr>
<tr><td></td><td></td><td>3</td><td>粗车φ46mm外圆至φ48mm，长118mm</td><td>车床</td><td>卡盘</td><td></td><td></td></tr>
<tr><td></td><td></td><td>4</td><td>粗车φ35mm外圆至φ37mm，长66mm</td><td>车床</td><td>卡盘</td><td></td><td></td></tr>
<tr><td></td><td></td><td>5</td><td>粗车M24外圆至φ26mm，长14mm</td><td>车床</td><td>卡盘</td><td></td><td></td></tr>
<tr><td></td><td></td><td></td><td>调头，自定心卡盘夹持φ48mm处</td><td></td><td></td><td></td><td></td></tr>
<tr><td></td><td></td><td>6</td><td>车另一端面，保证总长250mm</td><td>车床</td><td>卡盘</td><td></td><td></td></tr>
<tr><td></td><td></td><td>7</td><td>钻中心孔</td><td>车床</td><td>卡盘</td><td>中心钻</td><td></td></tr>
<tr><td></td><td></td><td></td><td>用尾座顶尖顶住中心孔</td><td></td><td>顶尖</td><td></td><td></td></tr>
<tr><td></td><td></td><td>8</td><td>粗车φ52mm外圆至φ54mm</td><td>车床</td><td>卡盘</td><td></td><td></td></tr>
<tr><td></td><td></td><td>9</td><td>粗车φ44mm外圆至φ46mm，长97mm</td><td></td><td></td><td></td><td></td></tr>
<tr><td></td><td></td><td>10</td><td>粗车φ35mm外圆至φ37mm，长93mm</td><td>车床</td><td>卡盘</td><td></td><td></td></tr>
</table>

（续）

机械加工工艺卡	产品名称		图号	
	零件名称	传动轴	共 1 页	第 1 页
毛坯种类	圆钢	材料牌号	45	毛坯尺寸 ϕ60mm×265mm

序号	工种	工步	工序内容	设备	工具		
					夹具	刃具	量具
		11	粗车 ϕ30mm 外圆至 ϕ32mm，长 36mm	车床	卡盘		
		12	粗车 M24 外圆至 ϕ26mm，长 16mm	车床	卡盘		
		13	检验				
3	热		调质处理 220～240HBW				
4	钳		修研两端中心孔	车床			
5	车		双顶尖装夹	车床	顶尖		
		1	半精车 ϕ46mm 外圆至 ϕ46.5mm，长 120mm	车床	顶尖		
		2	半精车 ϕ35mm 外圆至 ϕ35.5mm，长 68mm	车床	顶尖		
		3	半精车 M24 外圆至 $\phi24_{-0.2}^{-0.1}$mm，长 16mm	车床	顶尖		
		4	半精车 3mm×0.5mm 环槽	车床	顶尖		
		5	半精车 3mm×1.5mm 环槽	车床	顶尖		
		6	倒外角 $C1$，3 处	车床	顶尖		
			调头，双顶尖装夹	车床	顶尖		
		7	半精车 ϕ35mm 外圆至 ϕ35.5mm，长 95mm	车床	顶尖		
		8	半精车 ϕ30mm 外圆至 ϕ35.5mm，长 38mm	车床	顶尖		
		9	半精车 M24 外圆至 $\phi24_{-0.2}^{-0.1}$mm，长 18mm	车床	顶尖		
		10	半精车 ϕ44mm 至尺寸，长 4mm	车床	顶尖		
		11	车 3mm×0.5mm 环槽	车床	顶尖		
		12	车 3mm×1.5mm 环槽	车床	顶尖		
		13	倒外角 $C1$，4 处	车床	顶尖		
		14	检验				
6	车		双顶尖装夹				
		1	车 M24×1.5-6g 至尺寸				
			调头，双顶尖装夹				
		2	车 M24×1.5-6g 至尺寸				
		3	检验				
7	钳		划两个键槽及一个止动垫圈槽加工线				
8	铣		用 V 形机用虎钳装夹，按线校正		机用虎钳		
		1	铣键槽 12mm×36mm，保证尺寸 41.00～41.25mm	立铣	机用虎钳		
		2	铣键槽 8mm×16mm，保证尺寸 26.00～26.25mm	立铣	机用虎钳		
		3	铣止动垫圈槽 6mm×16mm，保证 20.5mm 至尺寸	立铣	机用虎钳		
		4	检验				

（续）

	机械加工工艺卡		产品名称		图号	
			零件名称	传动轴	共 1 页	第 1 页
毛坯种类	圆钢	材料牌号	45		毛坯尺寸	ϕ60mm×265mm

序号	工种	工步	工序内容	设备	工具		
					夹具	刃具	量具
9	钳		修研两端中心孔	车床			
10	磨	1	磨外圆 $\phi(35\pm0.008)$mm 至尺寸	外圆磨床	顶尖		
		2	磨轴肩面 *I*				
		3	磨外圆 $\phi(30\pm0.0065)$mm 至尺寸				
		4	磨轴肩面 *H*				
			调头，双顶尖装夹				
		5	磨外圆 *P* 至尺寸				
		6	磨轴肩面 *G*				
		7	磨外圆 *N* 至尺寸				
		8	磨轴肩面 *F*				
		9	检验				

8. 根据工艺文件，设计工艺实施方案

从工艺文件中（如过程卡、工艺卡、工序卡）可以了解到每一道工序所采用的设备、刀具、夹具和量具等信息，工序卡中还详细地反映出工序简图、详细的切削用量及工时定额等，作为一名机床操作者该从哪些方面来设计工艺实施方案呢？

1）分析工艺文件，能否根据以往的加工经验提出合理的优化建议。

2）理解工艺文件的内容，明确要保证零件技术要求的主要加工技术难点。

3）根据工艺文件，针对本人所要完成的加工任务要求，列出所需刀具、夹具和量具清单，根据清单准备刀具、夹具和量具等。

7-1　轴类零件典型工艺路线

企业专家点评：轴类零件加工特别是阶梯轴的加工，最重要的是要保证各段轴的同轴度的要求，以及轴肩端面对轴线的垂直度等。为了保证这些技术要求，一般轴类零件加工采用的主要定位基准是两中心孔，使用两顶尖装夹，从而达到零件的技术要求。同时轴类零件的主要加工表面应是外圆柱表面，其主要加工方法是车削和磨削。

第二节　箱体类零件机械加工工艺文件的制订

一、箱体类零件的基础知识

1. 箱体类零件的功用与结构特点

箱体类零件是机器或箱体部件的基础件。它将机器或箱体部件中的轴、轴承、套和齿轮等零件按一定的相互位置关系装配在一起，按一定的传动关系协调地运动。因此，箱体类零件的加工质量，不但直接影响箱体的装配精度和运动精度，而且还会影响机器的工作精度、使用性能和寿命。

箱体类零件尽管形状各异、尺寸不一，但其结构均有以下的主要特点。

1）形状复杂。箱体通常作为装配的基础件，在它上面安装的零件或部件越多，箱体的形状越复杂，因为安装时不仅要有定位面和定位孔，还要有固定用的螺钉孔等；为了支承零（部）件，需要有足够的刚度，采用较复杂的截面形状和加强筋等；为了储存润滑油，需要具有一定形状的空腔，还要有观察孔和放油孔等；考虑吊装搬运，还必须做出吊钩和凸耳等。

2）体积较大。箱体内要安装和容纳有关的零部件，因此必然要求箱体有足够大的体积。例如，大型减速器箱体长4~6m、宽3~4m。

3）壁薄，容易变形。箱体体积大，形状复杂，又要求减少质量，所以大都设计成腔形薄壁结构。但是在铸造、焊接和切削加工过程中往往会产生较大内应力，引起箱体变形。即使在搬运过程中，若方法不当也容易引起箱体变形。

4）有精度要求较高的孔和平面。这些孔大都是轴承的支承孔，平面大都是装配的基准面，它们在尺寸精度、表面粗糙度、形状和位置精度等方面都有较高要求。其加工精度将直接影响箱体的装配精度及使用性能。

因此，一般说来，箱体不仅需要加工部位较多，而且加工难度也较大。据统计资料表明，一般中型机床厂用在箱体类零件的机械加工工时占整个产品的15%~20%。

2. 箱体类零件的技术要求

1）孔径精度。孔径的尺寸误差和几何形状误差会造成轴承与孔的配合不良。孔径过大，配合过松，使主轴回转轴线不稳定，并降低了支承刚度，易产生振动和噪声；孔径过小，会使配合过紧，轴承将因外圈变形而不能正常运转，缩短寿命。装轴承的孔不圆，也使轴承外圈变形而引起主轴径向圆跳动。因此，对孔的精度要求是较高的。主轴孔的尺寸公差等级为IT6，其余孔公差等级为IT6~IT7。孔的几何形状精度未作规定，一般控制在尺寸公差范围内。

2）孔与孔的位置精度。同一轴线上各孔的同轴度误差和孔端面对轴线垂直度误差，会使轴和轴承装配到箱体内出现歪斜，从而造成主轴径向圆跳动和轴向圆跳动，也加剧了轴承磨损。孔系之间的平行度误差，会影响齿轮的啮合质量。一般同轴上各孔的同轴度公差约为最小孔尺寸公差之半。

3）孔和平面的位置精度。一般都要规定主要孔和主轴箱安装基面的平行度要求，它们决定了主轴和床身导轨的相互位置关系。这项精度是在总装时通过刮研来达到的。为了减少刮研工作量，一般要规定主轴轴线对安装基面的平行度公差。在垂直和水平两个方向上，只允许主轴前端向上和向前偏。

4）主要平面的精度。装配基面的平面度影响主轴箱与床身连接时的接触刚度，加工过程中作为定位基面则会影响主要孔的加工精度。因此规定底面和导向面必须平直，用涂色法检查接触面积或单位面积上的接触点数来衡量平面度的大小。顶面的平面度要求是为了保证箱盖的密封性，防止工作时润滑油泄出。在大批量生产中，将其顶面用作定位基面加工孔时，对它的平面度要求还要提高。

5）表面粗糙度。重要孔和主要平面的表面粗糙度会影响连接面的配合性质或接触刚度，其具体要求一般用 Ra 值来评价。一般主轴孔 Ra 值为0.4μm，其他各纵向孔 Ra 值为

1.6μm，孔的内端面 *Ra* 值为 3.2μm，装配基准面和定位基准面 *Ra* 值为 2.5~0.63μm，其他平面的 *Ra* 值为 10~2.5μm。

3. 箱体类零件的材料、毛坯及热处理

箱体零件有复杂的内腔，应选用易于成形的材料和制造方法。铸铁容易成形，切削性能好，价格低廉，并且具有良好的耐磨性和减振性，因此，箱体零件的材料大都选用 HT200~HT400 的灰铸铁，最常用的材料是 HT200，较精密的箱体零件则选用耐磨铸铁。

铸件毛坯的精度和加工余量是根据生产批量而定的。

单件小批量：木模手工造型。平面余量一般为 7~12mm，孔在半径上的余量为 8~14mm。

大批量生产：金属模机器造型。平面余量为 6~10mm，孔（半径上）的余量为 7~12mm。

对于单件小批生产直径大于 60mm 的孔和成批生产直径大于 30mm 的孔，一般都要在毛坯上铸出预制孔。在毛坯铸造时，应防止砂眼和气孔的产生；应使箱体零件的壁厚尽量均匀，以减少毛坯制造时产生的残余应力。

箱体零件的结构复杂，壁厚也不均匀，在铸造时会产生较大的残余应力。为了消除残余应力，减少加工后的变形和保证精度的稳定，在铸造之后必须安排人工时效处理。人工时效的工艺规范为：加热到 600~660℃，保温 4~6h，冷却速度小于或等于 30℃/h，出炉温度小于或等于 200℃。

4. 箱体结构工艺性

（1）基本孔　基本孔分为通孔、阶梯孔、不通孔、交叉孔等几类。

通孔工艺性最好，其中长径比为 1~1.5 的短圆柱孔工艺性为最好；长径比大于 5 的孔，称为深孔，若深度精度要求较高、表面粗糙度值较小时，加工就很困难。

阶梯孔的工艺性与“孔径比”有关。孔径相差越小则工艺性越好；孔径相差越大，且其中最小的孔径又很小，则工艺性越差。

相贯通的交叉孔的工艺性也较差，在加工主轴孔时，刀具走到贯通部分时，由于刀具径向受力不均，孔的轴线就会偏移。

不通孔的工艺性最差，因为在精镗或精铰不通孔时，要用手动送进，或采用特殊工具送进。此外，不通孔的内端面的加工也特别困难，故应尽量避免。

（2）同轴孔　同一轴线上孔径大小向一个方向递减（如 CA6140 型车床的主轴孔），可使镗孔时，镗杆从一端伸入，逐个加工或同时加工同轴线上的几个孔，以保证较高的同轴度和生产率。单件小批生产时一般采用这种分布形式。

同轴线上的孔的直径大小从两边向中间递减（如 CA6140 型车床主轴箱轴孔等），可使刀杆从两边进入，这样不仅缩短了镗杆长度，提高了镗杆的刚性，而且为双面同时加工创造了条件，所以大批量生产的箱体，常采用此种孔径分布形式。

同轴线上孔的直径的分布形式，应尽量避免中间隔壁上的孔径大于外壁的孔径。因为加工这种孔时，要将刀杆伸进箱体后装刀、对刀，结构工艺性差。

（3）装配基面　为便于加工、装配和检验，箱体的装配基面尺寸应尽量大，形状应尽量简单。

（4）凸台　箱体外壁上的凸台应尽可能在一个平面上，以便可以在一次走刀中加工出来，而无需调整刀具的位置，使加工简单方便。

（5）紧固孔和螺孔　箱体上的紧固孔和螺孔的尺寸规格应尽量一致，以减少刀具数量

和换刀次数。

此外，为保证箱体有足够的刚度与抗振性，应合理使用肋板、肋条，加大圆角半径，收小箱口，加厚主轴前轴承口厚度。

5. 箱体类零件的常见加工表面及加工方法

箱体零件主要是一些平面和孔的加工，其加工方法和工艺路线一般有：

1）平面加工。粗刨-精刨、粗刨-半精刨-磨削、粗铣-精铣或粗铣-磨削（可分粗磨和精磨）方案。其中刨削生产率低，多用于中小批生产；铣削生产率比刨削高，多用于中批以上生产；当生产批量较大时，可采用组合铣或组合磨的方法来对箱体零件各平面进行多刃、多面同时铣削或磨削。

2）箱体零件上轴孔加工。粗镗（扩）-精镗（铰）或粗镗（钻、扩）-半精镗（粗铰）-精镗（精铰）方案。对于公差等级为IT6，表面粗糙度 Ra 值小于1.25μm的高精度轴孔（如主轴孔）则还需进行精细镗或珩磨、研磨等光整加工。

3）对于箱体零件上的孔系加工。当生产批量较大时，可在组合机床上采用多轴、多面、多工位和复合刀具等方法来提高生产率。

6. 制订箱体类零件加工工艺过程的共性原则

1）合理安排加工顺序。加工顺序遵循先面后孔原则。箱体类零件的加工顺序均为先加工平面，以加工好的平面定位，再来加工孔。因为箱体孔的精度要求高，加工难度大，先以孔为粗基准加工平面，再以平面为精基准加工孔，这样不仅为孔的加工提供了稳定可靠的精基准，同时还可以使孔的加工余量较为均匀。由于箱体上的孔分布在箱体各平面上，先加工好平面，钻孔时，钻头不易引偏；扩孔或铰孔时，刀具也不易崩刃。

2）合理划分加工阶段。加工阶段必须粗、精加工分开。箱体的结构复杂，壁厚不均，刚性不好，而加工精度要求又高，故箱体重要加工表面都要划分粗、精加工两个阶段，这样可以避免粗加工造成的内应力、切削力、夹紧力和切削热对加工精度的影响，有利于保证箱体的加工精度。粗、精分开也可及时发现毛坯缺陷，避免更大的浪费；同时还能根据粗、精加工的不同要求来合理选择设备，有利于提高生产率。

3）合理安排工序间热处理。工序间合理安排热处理。箱体零件的结构复杂，壁厚也不均匀，因此，在铸造时会产生较大的残余应力。为了消除残余应力，减少加工后的变形和保证精度的稳定，在铸造之后必须安排人工时效处理。人工时效的工艺规范为；加热到500~550℃，保温4~6h，冷却速度小于或等于30℃/h，出炉温度小于或等于200℃。

普通精度的箱体零件，一般在铸造之后安排人工时效处理。对一些精度高或形状特别复杂的箱体零件，在粗加工之后还要安排一次人工时效处理，以消除粗加工所造成的残余应力。有些精度要求不高的箱体零件毛坯，有时不安排时效处理，而是利用粗、精加工工序间的停放和运输时间，使之得到自然时效。箱体零件人工时效的方法，除了加热保温法外，也可采用振动时效来达到消除残余应力的目的。

4）合理选择粗基准。要用箱体上的重要孔作粗基准。箱体类零件的粗基准一般都用它上面的重要孔作粗基准，这样不仅可以较好地保证重要孔及其他各轴孔的加工余量均匀，还能较好地保证各轴孔轴线与箱体不加工表面的相互位置。

7. 箱体类零件加工粗基准的选择

虽然箱体类零件一般都选择重要孔（如主轴孔）为粗基准，但由于生产类型不同，实现以主轴孔为粗基准的工件装夹方式是不同的。

1）中小批生产时，由于毛坯精度较低，一般采用划线装夹。首先将箱体用千斤顶安放在平台上（图 7-3a），调整千斤顶，使主轴孔和 A 面与台面基本平行，D 面与台面基本垂直，根据毛坯的主轴孔划出主轴孔的水平线Ⅰ—Ⅰ，在 4 个面上均要划出，作为第一校正线。划此线时，应根据图样要求，检查所有加工部位在水平方向是否均有加工余量，若有的加工部位无加工余量，则需要重新调整Ⅰ—Ⅰ线的位置，做必要的校正，直到所有的加工部位均有加工余量，再将Ⅰ—Ⅰ线最终确定下来。Ⅰ—Ⅰ线确定之后，即划出 A 面和 C 面的加工线。然后将箱体翻转 90°，D 面一端置于 3 个千斤顶上，调整千斤顶，使Ⅰ—Ⅰ线与台面垂直（用直角尺在两个方向上校正），根据毛坯的主轴孔并考虑各加工部位在垂直方向的加工余量，按照上述同样的方法划出主轴孔的垂直轴线Ⅱ—Ⅱ，作为第二校正线（图 7-3b），也在 4 个面上均划出。依据Ⅱ—Ⅱ线划出 D 面加工线。再将箱体翻转 90°（图 7-3c），将 E 面一端置于 3 个千斤顶上，使Ⅰ—Ⅰ线和Ⅱ—Ⅱ线与台面垂直。根据凸台高度尺寸，先划出 F 面的加工线，再划出 E 面加工线。

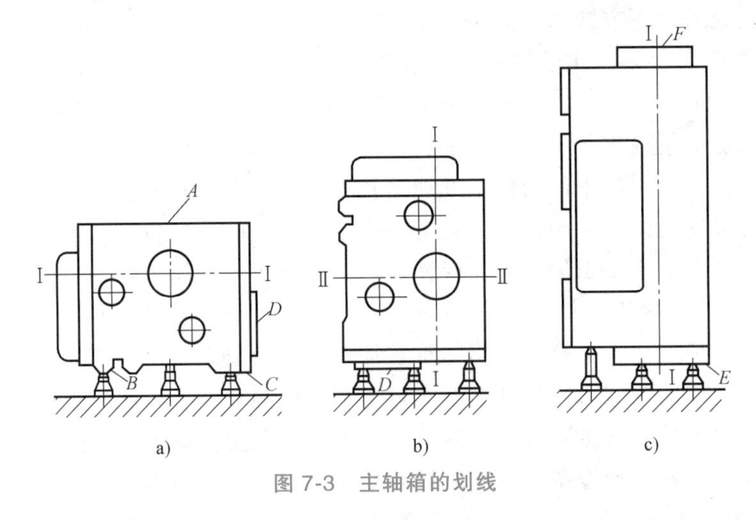

图 7-3　主轴箱的划线

加工箱体平面时，按线找正装夹工件，这样就体现了以主轴孔为粗基准。

2）大批量生产时，毛坯精度较高，可直接以主轴孔在夹具上定位。如图 7-4 所示，先

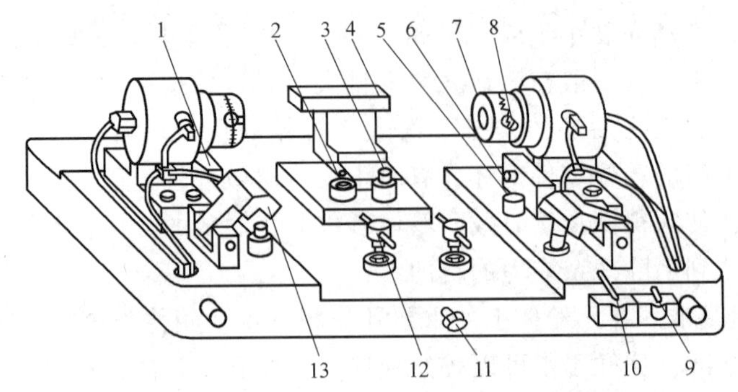

图 7-4　以主轴孔为粗基准铣顶面的夹具

1、3、5—支承　2—辅助支承　4—支架　6—挡销　7—短轴　8—活动支柱

9、10—手柄　11—螺杆　12—可调支承　13—夹紧块

将工件放在1、3、5支承上，并使箱体侧面紧靠支架4，端面紧靠挡销6，进行工件预定位。然后操纵手柄9，将液压控制的两个短轴7伸入主轴孔中。每个短轴上有3个活动支柱8，分别顶住主轴孔的毛面，将工件抬起，离开1、3、5各支承面。这时，主轴孔轴线与两短轴轴线重合，实现了以主轴孔为粗基准定位。为了限制工件绕两短轴的回转自由度，在工件抬起后，调节两可调支承12，辅以简单找正，使顶面基本成水平，再用螺杆11调整辅助支承2，使其与箱体底面接触。最后操纵手柄10，将液压控制的两个夹紧块13插入箱体两端相应的孔内夹紧，即可加工。

8. 箱体类零件加工精基准的选择

箱体加工精基准的选择也与生产批量大小有关。

1）单件小批生产用装配基面作定位基准。即选择箱体底面导轨作为定位基准。这样不仅消除了基准不重合误差，而且在加工各孔时，箱口朝上，便于安装调整刀具、更换导向套、测量孔径尺寸、观察加工情况和加注切削液等。

这种定位方式也有它的不足之处。加工箱体中间壁上的孔时，为了提高刀具系统的刚性，应当在箱体内部相应的部位设置刀杆的导向支承。由于箱体底部是封闭的，中间支承只能用图7-5所示的吊架从箱体顶面的开口处伸入箱体内，每加工一件需装卸一次，吊架与镗模之间虽有定位销定位，但吊架刚性差，制造安装精度较低，经常装卸也容易产生误差，且使加工的辅助时间增加，因此这种定位方式只适用于单件小批生产。

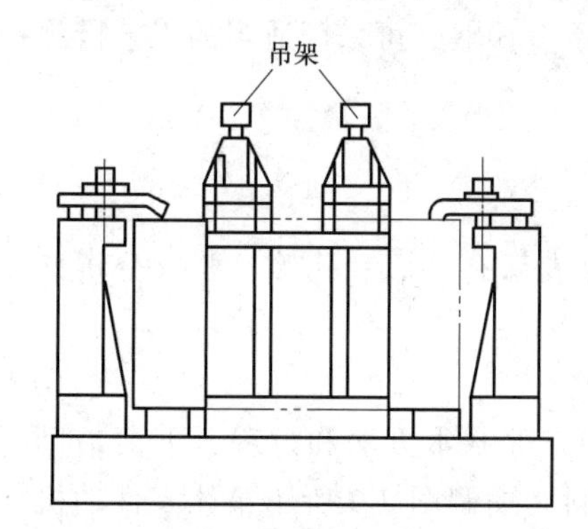

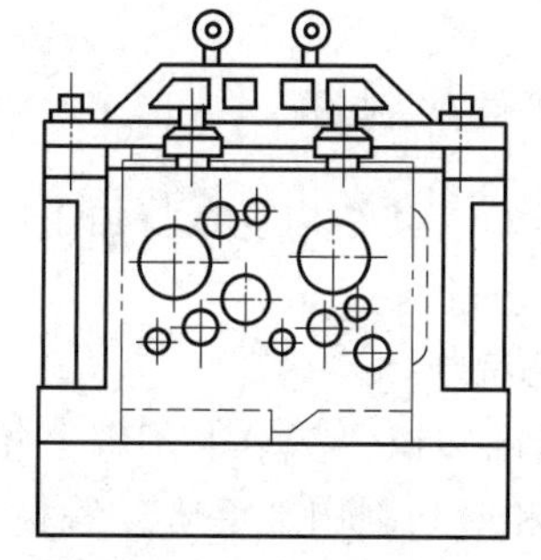

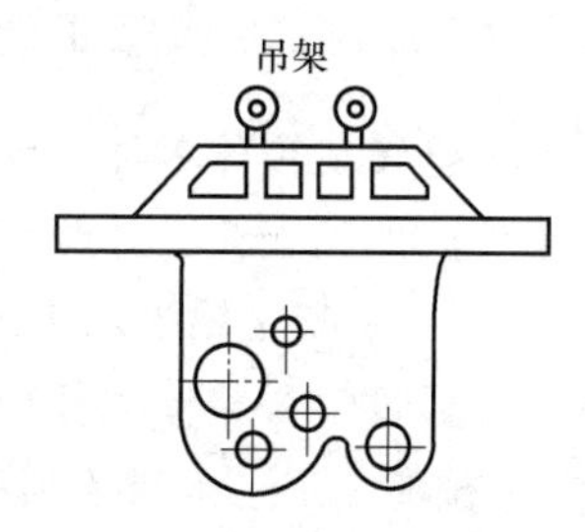

图7-5　吊架式镗模夹具

2）大批量生产时采用一面两孔作定位基准。大批量生产的主轴箱常以顶面和两定位销孔为精基准，如图7-6所示。

这种定位方式是加工时箱体口朝下，中间导向支架可固定在夹具上。由于简化了夹具结构，提高了夹具的刚性，同时工件的装卸也比较方便，因而提高了孔系的加工质量和劳动生产率。

这种定位方式的不足之处在于定

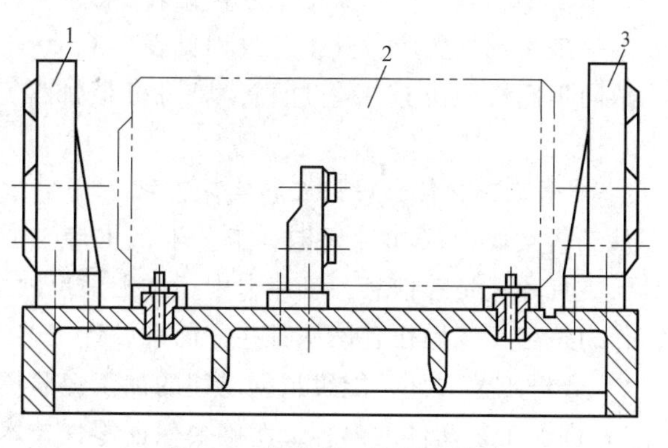

图7-6　箱体以一面两孔定位

1、3—镗模　2—工件

位基准与设计基准不重合，产生了基准不重合误差。为了保证箱体的加工精度，必须提高作为定位基准的箱体顶面和两定位销孔的加工精度。另外，由于箱口朝下，加工时不便于观察各表面的加工情况，因此，不能及时发现毛坯是否有砂眼、气孔等缺陷，而且加工中不便于测量和调刀。所以，用箱体顶面和两定位销孔作精基准加工时，必须采用定径刀具（扩孔钻和铰刀等）。

上述两种方案的对比分析仅仅是针对车床主轴箱而言，许多其他形式的箱体，采用一面两孔的定位方式，上面所提及的问题不一定存在。实际生产中，一面两孔的定位方式在各种箱体加工中应用十分广泛。因为这种定位方式很简便地限制了工件的6个自由度，定位稳定可靠；可以加工除定位面以外的所有5个面上的孔或平面，也可以作为从粗加工到精加工的大部分工序的定位基准，实现“基准统一”；此外，这种定位方式夹紧方便，工件的夹紧变形小；易于实现自动定位和自动夹紧。因此，在组合机床与自动线上加工箱体时，多采用这种定位方式。

由以上分析可知，箱体精基准的选择有两种方案：一种是以三个平面为精基准（主要定位基面为装配基面）；另一种是以一面两孔为精基准。这两种定位方式各有优缺点，实际生产中的选用与生产类型有很大的关系。中小批生产时，通常遵从“基准统一”的原则，尽可能使定位基准与设计基准重合，即一般选择设计基准作为统一的定位基准；大批量生产时，优先考虑的是如何稳定加工质量和提高生产率，不过分强调基准重合问题，一般多用典型的一面两孔作为统一的定位基准，由此而引起的基准不重合误差，可采用适当的工艺措施去解决。

二、机械加工工艺文件的制订

已知某箱体零件（图7-7），其结构复杂，加工的主要表面有平面和孔等，要求分析该零件的加工工艺，并制订工艺过程。

1. 车床主轴箱加工工艺编制

通过学习箱体类零件基础知识，基本上了解了箱体加工的基本方法和过程，下面借助《机械加工工艺人员手册》和《切削用量手册》等相关资料，编制图7-7所示箱体零件的机械加工工艺过程。

如果是小批量生产，其工艺过程见表7-2。

如果是大批量生产，其工艺过程见表7-3。

请同学们按照上述工艺过程，填写机械加工过程卡、机械加工工艺卡及机械加工工序卡。

2. 根据工艺文件，设计工艺实施方案

从工艺文件中（如过程卡、工艺卡、工序卡）可以了解到每一道工序所采用的设备、刀具、夹具和量具等信息，工序卡中还详细地反映出工序简图、详细的切削用量及工时定额等，作为一名机床操作者该从哪些方面来设计工艺实施方案呢？

1）分析工艺文件，能否根据以往的加工经验提出合理的优化建议。

2）理解工艺文件的内容，明确要保证零件技术要求的主要加工技术难点。

3）根据工艺文件，针对本人所要完成的加工任务要求，列出所需刀具、夹具和量具清单，根据清单准备刀具、夹具和量具等。

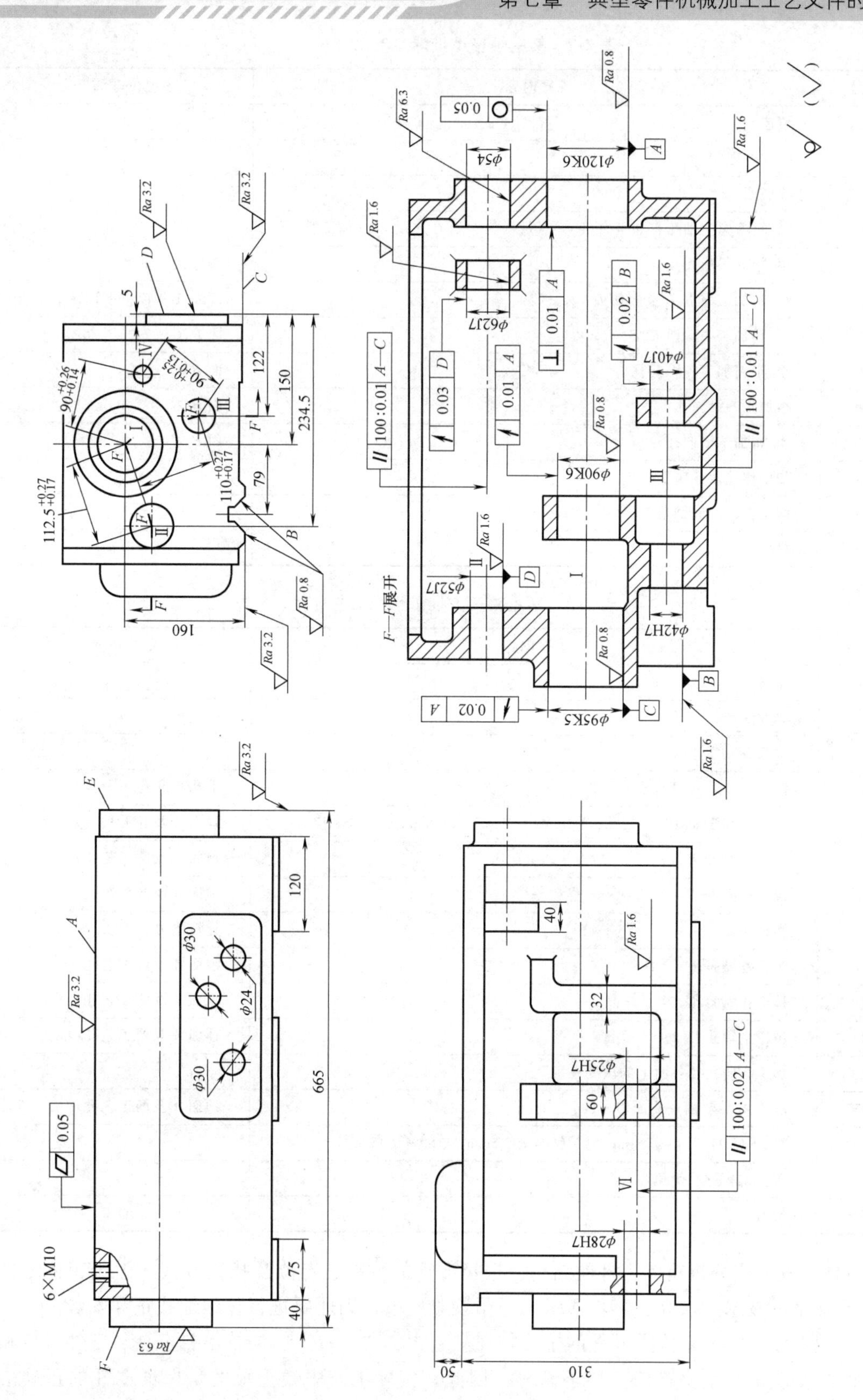
F—F展开
6×M10
665
310
160
234.5
150
122
79
φ120K6
φ95K5
φ90K6
φ42H7
φ25H7
φ28H7
φ52J7
φ62J7
φ40J7
φ54
Ra 3.2
Ra 1.6
Ra 0.8
Ra 6.3

图 7-7　车床主轴箱

表 7-2 某主轴箱小批量生产工艺过程

序号	工序内容	定位基准
1	铸造	
2	时效处理	
3	漆底漆	
4	划线：考虑主轴孔有加工余量，并尽量均匀。划 C、A 及 E、D 加工线	
5	粗、精加工顶面 A	按线找正
6	粗、精加工面 B、C 及侧面 D	顶面 A 并校正主轴孔中心线
7	粗、精加工两端面 E、F	面 B、C
8	粗、半精加工各纵向孔	面 B、C
9	精加工各纵向孔	面 B、C
10	粗、精加工横向孔	面 B、C
11	加工螺孔及各次要孔	
12	清洗、去毛刺、倒角	
13	检验	

表 7-3 某主轴箱大批量生产工艺过程

序号	工序内容	定位基准
1	铸造	
2	时效处理	
3	漆底漆	
4	铣顶面 A	Ⅰ孔与Ⅱ孔
5	钻、扩、铰 2×ϕ8H7 工艺孔（将 6×M10 先钻至 ϕ7.8mm，铰 2×ϕ8H7）	顶面 A 及外形
6	铣两端面 E、F 及前面 D、顶面	顶面 A 及两工艺孔
7	铣导轨面 B、C	顶面 A 及两工艺孔
8	磨顶面 A	导轨面 B、C
9	粗镗各纵向孔	顶面 A 及两工艺孔
10	精镗各纵向孔	顶面 A 及两工艺孔
11	精镗主轴孔 I	顶面 A 及两工艺孔
12	加工横向孔及各面上的次要孔	
13	磨 B、C 导轨面及前面 D	顶面 A 及两工艺孔
14	将 2×ϕ8H7 及 4×ϕ7.8mm 均扩钻至 ϕ8.5mm，攻 6×M10 螺纹	
15	清洗、去毛刺、倒角	
16	检验	

4）认真研究分析箱体零件的结构，选择合理的装夹、定位及找正方式。由于箱体零件加工要保证的技术要求高，零件质量大，吊装难度大，因此要进行仔细地找正和安装。

企业专家点评：箱体类零件的主要特征是结构复杂，各方面的技术要求高，工件质量和尺寸大，加工的孔系位置精度要求高等，因此在实际生产中最重要的是保证零件的正确吊装，然后根据划线进行找正。要保证箱体类零件的加工技术要求，必须遵守箱体零件加工工艺编制的共性原则。

第三节　套筒类零件机械加工工艺文件的制订

一、套筒类零件的基础知识

1. 套筒类零件的功用与结构特点

套筒类零件是一种应用范围很广，在机器中主要起支承定位或导向作用的零件。例如，支承回转轴的各种轴承和定位套、液压系统中的液压缸、电液伺服阀的阀套、夹具上的钻套和导向套、内燃机上的气缸套等，都属于套筒类零件。

各种套筒类零件虽然结构和尺寸有很大差异，但却具有以下共同特点：

1）外圆直径 D 一般小于其长度 L，通常长径比（L/D）小于5。

2）内孔与外圆直径之差较小，即零件壁厚较小，易变形。

3）内外圆回转表面的同轴度公差很小。

4）结构比较简单。

2. 套筒类零件的技术要求

套筒类零件的外圆表面多以过盈或过渡配合与机架或箱体孔配合，起支承作用。内孔主要起导向作用或支承作用，常与传动轴、主轴、活塞、滑阀相配合。有些套的端面或凸缘端面有定位或承受载荷作用。

套筒类零件的主要技术要求为：

1）内孔与外圆的尺寸公差等级一般为IT6~IT7。为保证内孔的耐磨性和功能要求，其表面粗糙度值为 $Ra2.5\sim0.16\mu m$ 外圆的表面粗糙度值为 $Ra5\sim0.63\mu m$。

2）通常将外圆与内孔的几何形状精度控制在直径公差以内即可，较精密的可控制在直径公差的1/3~1/2，甚至更小。较长的套筒零件除有外圆的圆柱度要求外，还有孔的圆柱度要求。

3）内、外圆表面之间的同轴度公差按零件的装配要求而定。当内孔的最终加工是将套装入机座或箱体之后进行（如连杆小端衬套）时，内、外圆表面的同轴度公差可以较大；若内孔的最终加工是在装配之前完成，则同轴度公差较小，通常为0.01~0.06mm。套的端面（包括凸缘端面）如在工作中承受载荷或加工中作为定位面时，端面与外圆或内孔轴线的垂直度要求较高，一般为0.02~0.05mm。

套筒类零件由于功用、结构形状及尺寸、材料、热处理方法的不同，其工艺过程差别较大。其中，保证内孔与外圆的同轴度公差，以及端面与内圆（外圆）轴线的垂直度公差，是制订工艺规程时需要关注的主要问题。

3. 套筒类零件的材料、毛坯及热处理方式选择

1）套筒类零件的材料以钢、铸铁、青铜或黄铜为主，也有采用双金属结构，即在钢或铸铁套的内壁上浇注一层轴承合金材料（锡青铜、铅青铜或巴氏合金等）。

2）毛坯制造方式主要取决于其结构尺寸、材料和生产批量的大小。孔径较大（如 $d>20mm$）时，常采用无缝钢管或带孔的铸件和锻件。孔径较小时，多选用热轧或冷拉棒料，

也可采用实心铸件。大批量生产时，可采用冷挤压棒料、粉末冶金棒料等。

3）套筒类零件常用的热处理方法有渗碳、淬火、表面淬火、调质、高温时效及渗氮等。

4. 套筒类零件加工中的主要工艺问题及解决措施

套筒类零件加工中主要面临的工艺问题包括：

1）如何保证内孔精度及表面粗糙度。

2）如何保证内外孔之间的同轴度。

3）如何防止加工时变形。

对应解决工艺问题的措施：

1）可以通过选择合适的加工方法保证内孔精度及表面粗糙度。

2）保证同轴度的方法。

① 在一次安装中加工出内外圆柱面。此法适用于零件尺寸较短的情况。如果零件太长，一方面在加工右端时，由于中间要加工，无法顶，如果采用中心架，外圆又无法加工，在这种既没有顶，又没有中心架的情况下加工右端就会产生弯曲变形；另一方面如果零件太长，在加工内孔时，刀杆会很长，从而导致刀杆刚性下降，使加工出的孔同轴度下降。

② 内外圆柱面反复互为基准。所谓互为基准，就是加工外圆时，以内孔定位，而加工内孔时，以外圆定位。套筒类零件的主要加工部位就是外圆和内孔，采用此种方法后，可以有效地保证同轴度要求。互为基准适用于零件尺寸较长且内孔尺寸较小的情况。如果零件尺寸较短、孔径尺寸较大，就可能会在心轴上定位不好。如果零件太大，心轴势必也会很大，顶尖可能会支承不住。

3）防止变形的措施。套筒类零件由于壁薄，在受力和受热情况下，容易产生变形。所以在加工套筒类零件时，要充分考虑到夹紧力的部位、作用点、大小和方向，以防止受力变形。同时，还要防止受热变形，因此在加工时，还得粗、精加工分开。

5. 套筒类零件的加工顺序的安排

1）外圆最终加工方案。一般情况下，加工套筒类零件时，首先应分析内外圆加工精度的高低，对于外圆精度要求较高时，通常采用外圆最终加工方案。一般顺序为：

粗加工外圆→粗、精加工内孔→精加工外圆。

这种方案适用于内孔尺寸较小，长度较长的情况。由于最终工序的夹具一般采用心轴定位夹具简单，所以此加工路线是常用的。

2）内孔最终加工方案。对于内圆精度要求较高时，通常采用内圆最终加工方案。一般顺序为：

粗加工内孔→粗、精加工外圆→精加工内孔。

此法适用于内孔尺寸较大，长度较短的零件。但此法存在如下缺点：

1）如果用自定心卡盘装夹，同轴度误差较大。

2）如果用专用夹具装夹，夹具结构较为复杂。

6. 套筒类零件的加工方案的选择

1）外圆表面的加工方案。一般精度的外圆表面采用车削，精度高的外圆表面采用磨削。

2）内孔表面的加工方案。加工内孔主要采用钻、扩、铰、拉、镗、磨、珩等方法，但各种加工方法适用的具体场合不同。

钻孔：加工范围 0.1～80mm，主要用于 30mm 以下孔的粗加工，表面粗糙度一般为 Ra50～12.5μm，公差等级达 IT12。

扩孔：主要用于 30～100mm 范围的孔，表面粗糙度一般为 Ra6.3μm，公差等级为 IT10～IT11，孔的尺寸必须与钻头相符。

铰孔：加工范围 3～150mm，一般分为机铰和手铰。表面粗糙度一般为 Ra3.2～0.4μm，公差等级一般可达 IT7～IT8，最高可达 IT4～IT6。主要用于加工 30mm 以下的孔，且孔径必须与铰刀相符，同时不适合加工短孔、深孔及断续孔，是 20mm 以下孔精加工的主要方法。

拉削：主要适用于大批生产，公差等级为 IT7～IT8，表面粗糙度达 Ra1.6～0.4μm，孔径必须与拉刀相符。

镗削：主要用于加工 30mm 以上的孔，公差等级为 IT7～IT8，表面粗糙度达 Ra1.6～0.4μm。

一般孔的加工路线如下。

未淬硬的 50mm 以下的孔：钻→扩→铰。

有色金属和未淬硬的孔：钻→粗镗→精镗。

较大的淬硬及未淬硬的孔：钻→粗镗→粗磨→精磨。

对于某些精度较高的孔，在精镗及精磨后可以根据需要进行研磨及珩磨。

7-2　套筒类零件的基础知识

二、机械加工工艺文件的制订

已知图 7-8 所示的轴承套零件为小批生产，要求分析该零件的加工工艺，并制订工艺过程。

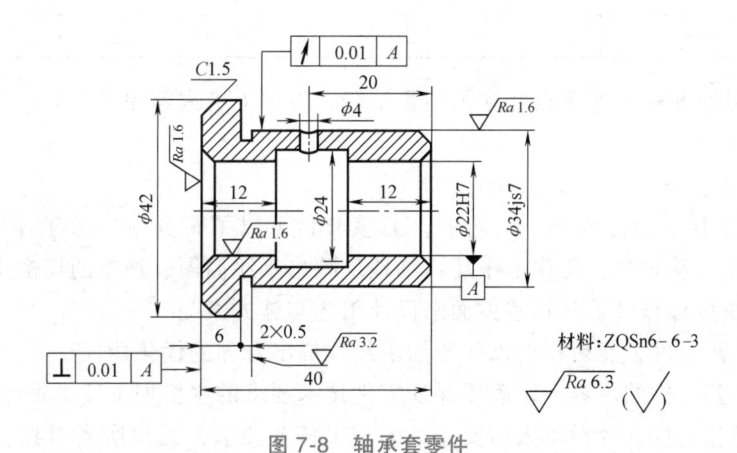

图 7-8　轴承套零件

如图 7-8 所示的轴承套，材料为 ZQSn6-6-3，每批数量为 200 件。

1. 轴承套的技术条件和工艺分析

该轴承套属于短套筒，材料为锡青铜。其主要技术要求为；φ34js7 外圆对 φ22H7 孔的径向圆跳动公差为 0.01mm；左端面对 φ22H7 孔轴线的垂直度公差为 0.01mm。轴承套外圆公差等级为 IT7，采用精车可以满足要求；内孔公差等级也为 IT7，采用铰孔可以满足要求。内孔的加工顺序为：钻孔→车孔→铰孔。

由于外圆对内孔的径向圆跳动要求在 0.01mm 内，用软卡爪装夹无法保证，因此精车外圆时应以内孔为定位基准，使轴承套在小锥度心轴上定位，用两顶尖装夹。这样可使加工基准和测量基准一致，容易达到图样要求。

车铰内孔时，应与端面在一次装夹中加工出，以保证端面与内孔轴线的垂直度在0.01mm以内。

2. 轴承套的加工工艺编制

表7-4为轴承套的加工工艺过程。粗车外圆时，可采取同时加工五件的方法来提高生产率。

表7-4 轴承套的加工工艺过程

序号	工序名称	工序内容	定位与夹紧
1	备料	棒料，按5件合一加工下料	
2	钻中心孔	车端面，钻中心孔；调头车另一端面，钻中心孔	三爪夹外圆
3	粗车	车外圆 ϕ42mm 长度为6.5mm，车外圆 ϕ34js7 为 ϕ35mm，车空刀槽 2mm×0.5mm，取总长 40.5mm，车分割槽 ϕ20mm×3mm，两端倒角 $C1$，5件同加工，尺寸均相同	中心孔
4	钻	钻孔 ϕ22H7 至 ϕ22mm 成单件	软爪夹 ϕ42mm 外圆
5	车、铰	车端面，取总长40mm至尺寸 车内孔 ϕ22H7 为 $\phi 22_{-0.05}^{\ 0}$mm 车内槽 ϕ24mm×16mm 至尺寸 铰孔 ϕ22H7 至尺寸 孔两端倒角	软爪夹 ϕ42mm 外圆
6	精车	车 ϕ34js7(±0.012)mm 至尺寸	ϕ22H7 孔心轴
7	钻	钻径向油孔 ϕ4mm	ϕ34mm 外圆及端面
8	检查		

请同学们结合相关工艺手册和切削用量手册，根据上表内容完成工艺过程卡、工艺卡及工序卡等工艺文件。

3. 根据工艺文件，设计工艺实施方案

从工艺文件中（如过程卡、工艺卡、工序卡）可以了解到每一道工序所采用的设备、刀具、夹具和量具等信息，工序卡中还详细地反映出工序简图、详细的切削用量及工时定额等，作为一名机床操作者该从哪些方面来设计工艺实施方案呢？

1）分析工艺文件，能否根据以往的加工经验提出合理的优化建议。

2）理解工艺文件的内容，明确要保证零件技术要求的主要加工技术难点。

3）根据工艺文件，针对本人所要完成的加工任务要求，列出所需刀具、夹具和量具清单，根据清单准备刀具、夹具和量具等。

4）认真研究分析零件的装夹方式，一般在加工内孔时可以采用软爪夹持，防止变形，加工外圆时，可以采用心轴定位。心轴可从刚性心轴、可胀心轴、弹性心轴等类型中选择。

在实际生产中，选择哪一种心轴装夹，要根据零件的实际加工批量和技术要求等诸多方面进行综合考虑。

企业专家点评：套筒类零件加工最重要的是保证内外圆表面的同轴度要求，以及端面对轴线的垂直度要求等。为了保证这些技术要求，一般套筒类零件加工要采用内外交叉、互为基准的方式。由于套筒类零件壁薄，容易造成加工时的变形，所以在加工外圆表面时，通常采用心轴定位装夹，在加工内孔时采用软爪装夹。

附录　知识与能力测试参考答案（部分）

第二章　金属切削过程的基本知识

一、填空题

1. 主运动；进给运动

2. 待加工；已加工；过渡

3. 切削速度；进给量；背吃刀量

4. 待加工表面；已加工表面；垂直

5. 切削层厚度；切削层宽度；切削层面积

6. 沿滑移面的剪切滑移变形以及随之产生的加工硬化。

7. 带状切屑；节状切削；粒状切屑；崩碎切屑

8. 三个变形区内金属产生的弹性变形抗力和塑性变形抗力；切屑与前面、工件与后面之间的摩擦力

9. 背吃刀量；进给量；切削速度

10. 冷却；润滑；清洗；防锈

二、判断题

1. 对；2. 对；3. 错；4. 对；5. 对；6. 对；7. 错；8. 对；9. 对；10. 错。

三、综合题

略。

第三章　机械加工工艺基础知识

一、填空题

1. 工作地点是否变动；加工的零件是否连续

2. 加工刀具；切削速度；进给量

3. 设计基准；工艺基准

4. 定位基准；测量基准；装配基准

5. 自由度；完全定位

6. 位置；设计基准

7. 单件生产；成批生产；大量生产

8. 定位；夹紧

9. 过定位

10. 欠定位

二、判断题

1. 对；2. 对；3. 对；4. 错；5. 错；6. 错；7. 对；8. 错；9. 对；10. 错。

三、综合题

略。

第四章　机械加工工艺规程的制订

一、填空题

1. 机械加工工艺过程卡；机械加工工艺卡；机械加工工序卡
2. 铸件；锻件；焊接件
3. 先面后空；先主后次
4. 自由锻；模锻
5. 退火；正火
6. 查表法；计算法
7. 增环；减环
8. 增环；减环
9. 毛坯余量；工序余量
10. 前工序的表面质量；前工序的尺寸公差；前工序加工表面的形位误差；本工序的安装误差

二、判断题

1. 对；2. 错；3. 错；4. 错；5. 错；6. 对；7. 对；8. 对；9. 对；10. 错。

三、综合题

略。

第五章　机械加工质量及其控制

一、填空题

1. 机床；刀具；夹具；工件
2. 尺寸精度；形状精度；位置精度
3. 机床主轴的回转运动误差；机床导轨误差；机床传动链误差
4. 径向圆跳动误差；轴向圆跳动误差；角度摆动误差
5. 表面层材料的加工硬化；表面层金属的残留应力；表面层金相组织变化

二、判断题

1. 对；2. 错；3. 对；4. 错；5. 错

三、综合题

略。

第六章　工件在机床上的装夹

一、填空题

1. 定位；夹紧
2. 定位元件；夹紧装置；对刀或导向元件；连接元件；夹具体
3. 四；二
4. 六；菱形销

5. 基准不重合；基准位移
6. 固定支承；可调支承；浮动支承
7. 斜楔夹紧机构；螺旋夹紧机构；偏心夹紧机构
8. 夹紧力的方向；夹紧力的作用点；夹紧力的方向
9. 五
10. 斜楔的升角小于斜楔与工件、斜楔与夹具体之间的摩擦角之和

二、判断题

1. 错；2. 对；3. 错；4. 错；5. 错；6. 对；7. 对；8. 对；9. 对；10. 错。

三、综合题

略。

参 考 文 献

[1] 武友德，苏珉．机械加工工艺［M］．3版．北京：北京理工大学出版社，2018.
[2] 闵小琪，陶松桥．机械制造工艺［M］．3版．北京：高等教育出版社，2018.
[3] 刘守勇，李增平．机械制造工艺与机床夹具［M］．3版．北京：机械工业出版社，2013.
[4] 陆剑中．金属切削原理与刀具［M］．2版．北京：机械工业出版社，2016.
[5] 薛源顺．机床夹具设计［M］．2版．北京：机械工业出版社，2016.